*Emil Fischer*

# Anleitung zur Darstellung organischer Präparate

*Emil Fischer*

**Anleitung zur Darstellung organischer Präparate**

*ISBN/EAN: 9783955621049*

*Auflage: 1*

*Erscheinungsjahr: 2013*

*Erscheinungsort: Bremen, Deutschland*

*@ Bremen-university-press in Access Verlag GmbH, Fahrenheitstr. 1, 28359 Bremen. Alle Rechte beim Verlag und bei den jeweiligen Lizenzgebern.*

# ANLEITUNG

zur Darstellung

# ORGANISCHER PRÄPARATE

von

### EMIL FISCHER,
Professor der Chemie an der Universität Berlin.

Mit 20 Abbildungen.

**Vierte**
neu durchgesehene und vermehrte Auflage.

WÜRZBURG.
Verlag der Stahel'schen kgl. Hof- und Universitäts-
Buch- und Kunsthandlung.
1893.

# Vorwort.

Diese Anleitung ist vor 4 Jahren in Erlangen entstanden aus dem Bedürfniss, mir und dem Assistenten den anfänglichen praktischen Unterricht in der organischen Chemie zu erleichtern.

Vor Jahresfrist wurde dieselbe für die Praktikanten des Würzburger Laboratoriums von Neuem bearbeitet und autographirt. Da in kurzer Zeit alle Exemplare vergriffen waren und seitdem öfters von Auswärts weitere Nachfragen kommen, so habe ich mich entschlossen, sie drucken zu lassen.

Für die Auswahl und Anordnung der Präparate waren meist praktische Rücksichten, wie Preis der Materialien und Apparate, Leichtigkeit, Schnelligkeit und Gefahrlosigkeit der Operationen massgebend.

Die Vorschriften sind öfters geprüft und so gehalten, dass der Studirende sämmtliche Präparate in einem Semester mit einem Kostenaufwand von ungefähr 40 Mark für die Materialien darstellen kann.

Fast alle Operationen und die gebräuchlichsten synthetischen Methoden sind in Beispielen erörtert.

Theoretische Erörterungen wurden möglichst vermieden, weil es für den Studirenden anregender ist, an der Hand der Beobachtungen aus den Original-Abhandlungen, den Lehrbüchern oder durch mündlichen Unterricht Aufschluss über den Verlauf der Reactionen zu erhalten.

Bei der Ausarbeitung und praktischen Prüfung der Vorschriften bin ich von Herrn Dr. *Wilhelm Wislicenus* unterstützt worden, wofür ich demselben hier besten Dank sage.

Würzburg, Juli 1887.

**E. Fischer.**

## 1. Nitrobenzol. $C_6H_5 . NO_2$.

In einem Kolben von circa 300 cc Inhalt werden 150 gr concentrirte Schwefelsäure und 100 gr gewöhnliche Salpetersäure (v. spec. Gew. 1,41) gemischt, das Gemisch auf Zimmertemperatur abgekühlt und dazu 50 gr Benzol in kleinen Portionen unter häufigem Umschütteln zugefügt.

Der Kolben darf nicht verschlossen sein, weil während der Reaktion Gase entweichen. Während der Operation scheidet sich das Nitrobenzol als ölige Schicht auf dem Säuregemisch ab.

Eine Probe desselben in Wasser gegeben muss untersinken, im andern Falle ist noch viel unverändertes Benzol zugegen. Wenn alles Benzol eingetragen ist, setzt man das Schütteln bei gleichzeitigem Erwärmen auf circa 60⁰ noch etwa $1/2$ Stunde fort.

Dann wird die ganze Masse in circa 1 Liter Wasser eingegossen, umgerührt und das abgeschiedene, untersinkende Oel im Scheidetrichter von der sauren Lösung getrennt. Das Oel wird nochmals mit Wasser gewaschen, im Scheidetrichter möglichst vollständig von dem Wasser getrennt und in einem Kölbchen von circa 100 cc mit 5—10 gr gekörntem Chlorcalcium zusammengebracht.

Schüttelt man das Gemisch häufiger um, so ist das Oel nach 12 Stunden hinreichend trocken. Es wird jetzt von dem Chlorcalcium in ein Fractionirkölbchen abgegossen, welches nur etwa zur Hälfte von der Flüssigkeit gefüllt sein darf. Die Fractionirung wird in dem beistehenden Apparate (Fig. 1) vorgenommen.

Fig. 1.

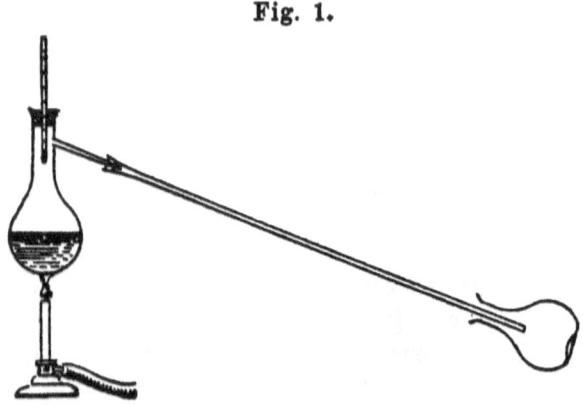

Zuerst gehen gewöhnlich geringe Mengen von Benzol und Wasser über, welche besonders aufgefangen werden. Dann steigt das Thermometer rasch auf circa 200° und jetzt destillirt innerhalb weniger Grade das Nitrobenzol über.

Die Destillation wird unterbrochen, wenn der Inhalt des Kolbens sich stark bräunt. Zur vollständigen Reinigung kann man das Nitrobenzol einer zweiten Destillation unterwerfen. Bei sorgfältiger Operation erhält man 80—85 % der theoretischen Ausbeute an reinem Nitrobenzol.

Den Siedepunkt des Nitrobenzols findet man bei diesem Verfahren um einige Grade zu niedrig, weil nur ein Theil des Quecksilberfadens des Thermometers durch den Dampf erhitzt wird. Der Apparat genügt aber für den vorliegenden Zweck, wo es sich um die Trennung des Nitrobenzols von unverändertem Benzol oder sehr hochsiedendem Dinitrobenzol handelt.

Für genaue Siedepunktsbestimmungen benutzt man Fractionirkolben mit langem Halse von beistehender

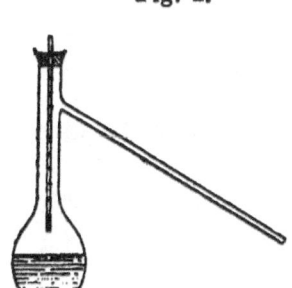

Fig. 2.

Form und kurze Thermometer (Fig. 2) (bei hoch siedenden Körpern die von *Zincke* angegebene Form). Während der Destillation soll der Quecksilberfaden sich ganz im Dampfe befinden.

Derselbe Apparat dient zur Prüfung der Thermometer, wobei man Wasser, Naphtalin, Diphenylamin u. s. w. als Siedeflüssigkeiten benutzt. Dabei ist auch der Barometerstand zu berücksichtigen.

## 2. Anilin. $C_6H_5.NH_2$.

Bildungsgleichung:

$$C_6H_5.NO_2 + 6H = C_6H_5.NH_2 + 2H_2O.$$

Als Reduktionsmittel kann man Zinn, Zink, Eisen und verschiedene Säuren oder auch Schwefelammonium anwenden. Für Versuche im Kleinen, wo es weniger auf den Preis der Materialien ankommt, eignet sich besonders Zinn und Salzsäure. 90 gr granulirtes Zinn und 50 gr Nitrobenzol werden in einem Kolben von circa 1 Liter Inhalt zusammengebracht und unter häufigem Umschütteln zu dem Gemenge starke Salzsäure in kleinen Portionen zugefügt. Die Masse erwärmt sich ziemlich stark und man thut gut, die Heftigkeit der Reaktion durch zeitweises Einstellen des Kolbens in kaltes Wasser zu mässigen. Die Reaktion ist beendet, wenn der Geruch des Nitrobenzols ganz verschwunden.

Während der Operation scheidet sich sehr häufig das Zinndoppelsalz des Anilins als weisse Krystallmasse aus der Lösung ab. Zum Schluss fügt man so viel Wasser zu, dass dieses Salz vollständig gelöst ist und giesst dann von dem unveränderten Zinn ab.

Die saure Lösung wird jetzt mit einem Ueberschuss von concentrirter Natronlauge versetzt, bis die anfangs ausgeschiedene Zinnsäure zum grössten Theil wieder in Lösung gegangen ist. Das Anilin wird hiebei als Oel ausgeschieden. Man kann dasselbe direkt mit Aether extrahiren — eine Methode, die bei ähnlichen Körpern allgemein anwendbar ist. Zweckmässiger ist es indessen, die Base zunächst mit Wasserdämpfen zu destilliren.

Für diese Operation dient beistehender Apparat (Fig. 3). $a$ ist eine Blechflasche, in welcher der Was-

Fig. 3.

serdampf erzeugt wird, versehen mit der Sicherheitsröhre $s$ und dem Abzugsrohr $m$. Der Kolben $b$ enthält die Anilinlösung und ist schief gestellt, um das Ueberspritzen von Flüssigkeit in den Kühler zu vermeiden. Derselbe braucht nicht erwärmt zu werden. Das Anilin geht sehr leicht mit den Wasserdämpfen über; die Operation wird unterbrochen, wenn das Destillat klar abläuft. Das ölig abgeschiedene Anilin kann von dem wässrigen Destillate durch Abheben getrennt werden. Die Ausbeute ist indessen besser, wenn man das gesammte Destillat mit etwa $1/_2$ Volumen Aether ausschüttelt; die ätherische Lösung wird dann abgehoben und aus einem Kolben im Wasserbade verdampft. Das Anilin wird jetzt mit linsengrossen Stücken festen Kalis 12 Stunden getrocknet, dann vom Kali abgegossen und ebenso wie das Nitrobenzol fractionirt. Die Ausbeute ist nahezu quantitativ.

## *Reactionen des Anilins.*

1. Chlorkalkprobe. Eine Spur Anilin wird in Wasser gelöst und mit einer filtrirten Lösung von Chlorkalk versetzt, wobei intensive blauviolette Färbung auftritt.

Die Probe dient auch zur Erkennung des Benzols, welches man zuvor nach den eben beschriebenen Methoden in Anilin überführt.

2. Schwerlöslichkeit des Sulfates. Einige Tropfen der Base werden mit verdünnter Schwefelsäure übergossen und das abgeschiedene Sulfat aus heissem Wasser umkrystallisirt.

3. Bildung von Diazobenzol. Einige Tropfen der Base werden in verdünnter Salzsäure gelöst, dann mit einigen Tropfen von Natriumnitritlösung versetzt; die Flüssigkeit bleibt hiebei klar, beim Erwärmen aber erfolgt lebhafte Gasentwicklung und die Abscheidung eines braunen Oeles, welches den charakteristischen Geruch des Nitrophenols besitzt.

4. Einige Tropfen der Base werden mit ebensoviel Chloroform versetzt, dann eine alkoholische Lösung von Kali zugesetzt und erwärmt. Sofort macht sich der sehr unangenehme Geruch des Phenylisonitrits bemerkbar.

### 3. Acetanilid. $C_6H_5 . NH(C_2H_3O)$.

20 gr Anilin werden mit 30 gr Eisessig am Rückflusskühler 6—10 Stunden gekocht, bis eine Probe beim Erkalten krystallinisch erstarrt.

Die Masse wird jetzt in kaltes Wasser gegossen, die Krystallmasse abfiltrirt und aus heissem Wasser umkrystallisirt. Die Reinheit des Präparates wird durch die Bestimmung des Schmelzpunktes controlirt. Zu diesem Zweck wird eine kleine Menge getrocknet, gepulvert und in ein Capillarrohr gebracht. Für die Operation dient nebenstehender Apparat (Fig. 4). Der Kolben ist zu $^3/_4$ mit concentr. Schwefelsäure gefüllt. Das Thermometer taucht bis in die Mitte der Flüssigkeit und wird durch einen lose auf den Kolben gesetzten Kork gehalten. Die Capillare wird an das mit wenig Schwefelsäure benetzte Thermometer so angeklebt, dass die eingefüllte Substanz sich an der Mitte der Quecksilberkugel befindet. Man benutze stets sog. Normalthermometer[1]).

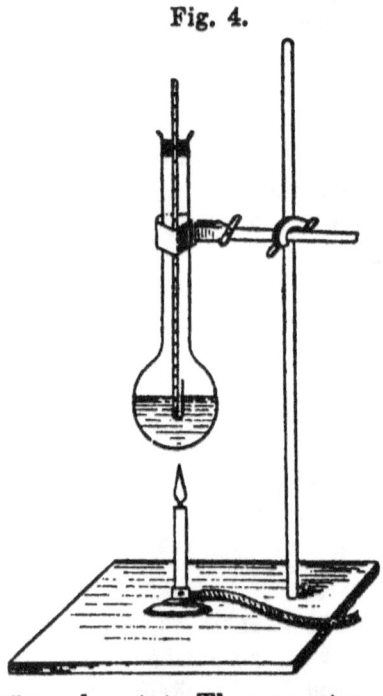

Fig. 4.

Schmelzpunkt 112°. *Reaktion.* Beim Kochen mit Alkalien entwickelt das Acetanilid den Geruch des Anilins.

---

[1]) Nach dieser Methode wird der Schmelzpunkt etwas zu niedrig gefunden, weil der Quecksilberfaden des Thermometers nur zum kleineren Theile im Bade ist. — Aber die meisten Schmelzpunkte sind in dieser Weise bestimmt und mit der Bezeichnung „uncorrigirt" in der Literatur angegeben.

## 4. Sulfocarbanilid.

$$CS(NH \cdot C_6H_5)_2.$$

50 gr Anilin, 50 gr Alkohol und 50 gr Schwefelkohlenstoff werden am langen Rückflusskühler im Wasserbade circa 10 Stunden zum gelinden Sieden erhitzt. Diese Masse erstarrt allmälig zu einem Brei von blättrigen Krystallen. Zum Schluss wird der Schwefelkohlenstoff bei umgekehrtem Kühler aus dem Wasserbade abdestillirt (Feuergefährlichkeit des Schwefelkohlenstoffs, Achtung!) und der Rückstand zur Entfernung von unverändertem Anilin mit kalter stark verdünnter Salzsäure gewaschen. Die abfiltrirten Krystalle werden aus verdünntem heissem Alkohol umkrystallisirt. Das Präparat muss ganz farb- und geruchlos sein; die Reinheit kann ebenfalls durch den Schmelzpunkt 152° controlirt werden. Ausbeute fast quantitativ.

## 5. Phenylsenföl.

$$C_6H_5 \cdot N{=}CS.$$

30 gr Sulfocarbanilid werden mit der dreifachen Menge concentrirter Salzsäure $1/2$ Stunde am Rückflusskühler gekocht, dann die ganze Masse in Wasser gegossen, das Senföl mit Wasserdampf abgetrieben, mit Aether extrahirt und nach dem Verdampfen der Lösung und Trocknen mit Chlorcalcium destillirt. Ausbeute 10 gr.

*Reaktionen des Phenylsenföls.*

Einige Tropfen mit der gleichen Menge Anilin vermischt geben sofort unter lebhafter Reaction Sulfocarbanilid.

Beim Uebergiessen mit concentrirtem Ammoniak entsteht sehr bald das ebenfalls feste Monophenylsulfocarbamid.

## 6. Benzoësäure-Aethylester.

$C_6H_5 . COOC_2H_5$.

Man löst 50 gr Benzoësäure in circa 200 gr absolutem Alkohol und leitet in die Lösung bei gewöhnlicher Temperatur einen starken Strom von gasförmiger Salzsäure ein, bis dieselbe nach dem Abkühlen unabsorbirt entweicht. Zur Entwicklung der Salzsäure dient beistehender Apparat (Fig. 5), in welchem man zu gewöhnlicher Salzsäure concentrirte Schwefelsäure tropfen lässt und das Gas mit concentrirter Schwefelsäure wäscht.

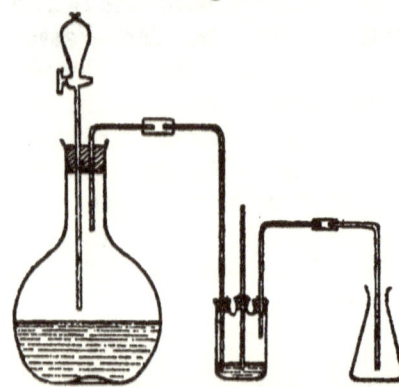

Dieses Gemisch lässt man einige Stunden stehen und erwärmt dann eine Stunde auf dem Wasserbade. Eine Probe, mit Wasser versetzt, darf jetzt keine feste Benzoësäure, sondern nur den öligen Ester abscheiden.

Zum Schluss destillirt man den Alkohol auf dem Wasserbade ab und schüttelt den Rückstand mit überschüssiger Sodalösung, um alle Salzsäure und unveränderte Benzoësäure zu entfernen. Das abgeschiedene Oel wird mit Aether aufgenommen, die ätherische Lösung verdampft und der Rückstand über reinem, ausgeglühtem Kaliumcarbonat getrocknet und fractionirt.

(Das hierbei benutzte Kaliumcarbonat soll durch Glühen von reinem Dicarbonat dargestellt sein.)

Siedepunkt des Esters 212°. Ausbeute 45 gr.

## 7. m-Brombenzoësäure.

$C_6H_4Br \cdot CO_2H.$

6 gr Benzoësäure werden mit 8 gr Brom und ca. 40 gr Wasser in ein Rohr aus starkem leicht schmelzbarem Glase, welches an einem Ende rund abgeschmolzen ist, eingefüllt und dann das andere Ende der Röhre zu einer möglichst starken Capillare ausgezogen. Man erhitzt nun die Röhre im Luftbade (sog. Schiessofen) etwa 12 Stunden auf 140—150°. Nach dem Erkalten werden solche Röhren allgemein wegen etwa darin herrschenden Druckes in folgender Weise geöffnet: Durch vorsichtiges Neigen des schmiedeeisernen Rohres schiebt man die Glasröhre soweit vor, dass die Capillare eben über die Oeffnung hervorragt und erhitzt dieselbe alsdann an der äussersten Spitze bis zum Schmelzen des Glases (Fig. 6). Ist Druck vorhanden,

Fig. 6.

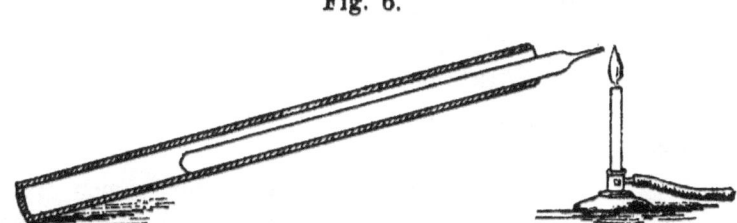

so wird die Capillare zu einer feinen Oeffnung ausgeblasen, aus welcher die Gase entweichen. Man führe auch diese Operation so aus, dass bei einer etwaigen Explosion die Glassplitter Niemanden gefährden können. Sobald die Gase vollständig entwichen sind, kann die Röhre aus dem Eisenmantel herausgenommen und in der gewöhnlichen Weise durch Anschneiden mit dem Glasmesser und Absprengen geöffnet werden. In dem vorliegenden Falle ist kein Druck im Rohre vorhanden.

Wenn die Operation richtig verlaufen ist, so muss das Brom nahezu vollständig verschwunden sein. Das Reactionsprodukt wird aus der Röhre herausgespült, abfiltrirt und dann in einer Schale solange mit Wasser gekocht, bis der Geruch nach Benzoësäure verschwunden ist. Die zurückbleibende Brombenzoësäure wird vollständig in heissem Wasser gelöst und die beim Erkalten sich abscheidende Säure filtrirt und durch ein- bis zweimalige Krystallisation aus heissem Wasser gereinigt. Ausbeute 7 gr.

## 8. Benzoylchlorid.

$$C_6H_5 . CO . Cl.$$

50 gr trockne Benzoësäure werden mit 90 gr Phosphorpentachlorid (das Abwägen desselben muss unter dem Abzug geschehen) in einem Kolben von circa 500 cc zusammengebracht und das Gemisch umgeschüttelt. In der Regel tritt dabei die Reaction von selbst ein, wenn nicht, so erwärmt man gelinde.

Unter lebhafter Entwicklung von Salzsäure-Dämpfen wird die Masse flüssig.

Die Reaction ist beendet, sobald alle Benzoësäure in Lösung gegangen.

Die Flüssigkeit ist jetzt ein Gemenge von Benzoylchlorid, Phosphoroxychlorid und kleinen Mengen überschüssigen Phosphorpentachlorids. Die Producte werden durch wiederholte fractionirte Destillation getrennt.

Der Siedepunkt des Benzoylchlorids liegt bei 199°. Die Ausbeute ist nahezu quantitativ.

Das Präparat muss in gut geschlossenen Gefässen aufbewahrt werden, um vor der Feuchtigkeit der Luft geschützt zu sein.

Statt des Phosphorpentachlorids kann man auch das Trichlorid benutzen.

*Reaktionen des Benzoylchlorids.*

1) Einige Tropfen des Oels werden so lange mit Wasser gekocht, bis sie in Lösung gehen; beim Erkalten scheidet sich Benzoësäure ab. Rascher findet die Zersetzung beim Erwärmen mit Natronlauge oder Soda statt, wobei leichtlösliches benzoësaures Natron entsteht.

2) Einige Tropfen des Chlorids werden mit etwas mehr als der gleichen Menge Anilin vermischt. Unter heftiger Erwärmung erstarrt die Masse zu einem Gemenge von salzsaurem Anilin und Benzanilid. Das letztere bleibt beim Waschen mit Wasser ungelöst und kann aus heissem Alkohol umkrystallisirt werden.

## 9. Benzamid.

$$C_6H_5 . CO . NH_2.$$

15 gr käufliches, kohlensaures Ammoniak werden in einer Reibschale fein gerieben (Abzug!) und dazu unter Umrühren allmälig 10 gr Benzoylchlorid zugegeben. Der Geruch des letzteren muss dabei ganz verschwinden. Jetzt wird die Masse zur Entfernung von Chlorammonium und überschüssigem Ammoniumcarbonat mit nicht zu viel **kaltem** Wasser ausgelaugt und der abfiltrirte Rückstand aus nicht zu viel heissem Wasser umkrystallisirt. Ausbeute etwa 6 gr.

Statt des Ammoniumcarbonats kann man auch eine concentrirte Lösung von Ammoniak anwenden. Die Ausbeute ist aber schlechter. Schmelzpunkt des Benzamids 128°. Beim Erwärmen mit Alkalien entwickelt das Amid sehr rasch Ammoniak.

## 10. Diazobenzolnitrat.

$$C_6H_5 . N \!=\! N . NO_3.$$

20 gr Anilin werden in einem Becherglase unter guter Kühlung mit ausgekochter gewöhnlicher Salpetersäure, die mit der Hälfte ihres Volumens Wasser verdünnt ist, vorsichtig versetzt, bis die ganze Masse zu einem dicken Krystallbrei erstarrt. Die Krystallmasse wird auf einer Saugpumpe möglichst abgesaugt und mit wenig kaltem Wasser gewaschen. Von dem feuchten

Fig. 7.

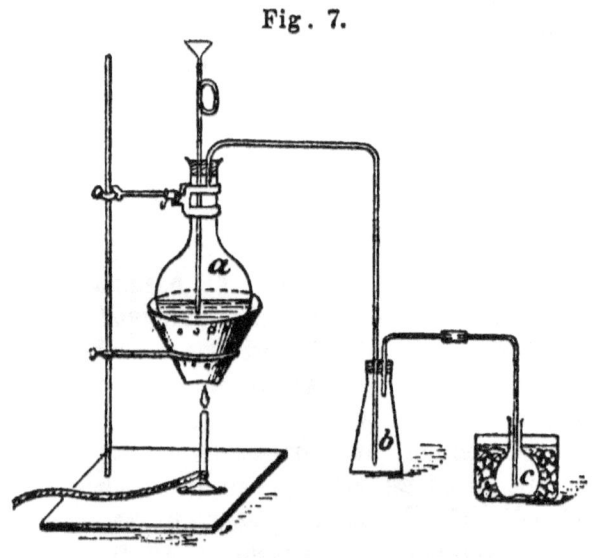

Salz werden ungefähr 5 gr fein gepulvert, in einem kleinen Kolben mit soviel Wasser übergossen, dass das Salz eben davon überdeckt ist, dann in Eiswasser sorgfältig gekühlt und sogenannte gasförmige salpetrige Säure eingeleitet. Die letztere wird (im Kolben $a$ Fig. 7) aus stückförmigem Arsentrioxyd und gewöhnlicher Salpetersäure entwickelt und in der leeren Flasche $b$ von Salpetersäure etc. befreit.

Durch abwechselndes gelindes Erwärmen oder Kühlung des Kolbens $a$ mit kaltem Wasser kann man den Strom beliebig reguliren.

Die Temperatur in dem Kölbchen $c$ darf nicht über $10^0$ steigen. Das Einleiten der rothen Dämpfe wird unter häufigem Schütteln des Kolbens $c$ so lange fortgesetzt, bis alles Anilinnitrat verschwunden ist. Gewöhnlich findet klare Lösung desselben statt, nur wenn zu wenig Wasser zugegen ist, scheidet sich schon während der Operation Diazobenzolnitrat ab, welches indessen sehr leicht an der Krystallform von dem Anilinsalz zu unterscheiden ist. Wenn die Reaction beendet, giesst man den Inhalt von $c$ in das dreifache Volumen absoluten Alkohol und fügt dann Aether hinzu, so lange noch die Abscheidung von weissen Nadeln erfolgt.

Hat man dem salpetersauren Anilin von Anfang an zu viel Wasser hinzugefügt, so scheidet sich statt der Krystalle eine dicke wässrige Lösung von Diazobenzolnitrat ab. Es ist dann nothwendig, die letztere nach dem Abgiessen der aetherisch-alkoholischen Lauge wieder in absolutem Alkohol zu lösen und abermals durch Aether zu fällen. Das abgeschiedene Diazobenzolnitrat wird auf der Saugpumpe filtrirt und mit Aether gewaschen. Man hüte sich, grössere Mengen des Präparats trocken werden zu lassen. Von der Gefährlichkeit kann man sich durch eine kleine Probe (höchstens $1/4$ gr) überzeugen. Man lässt dieselbe an einem ungefährlichen Ort auf Fliesspapier trocknen und bringt sie durch Anzünden des letzteren zum Explodiren. Die Hauptquantität des Salzes wird dagegen, bevor sie trocken geworden, in Wasser gelöst, die wässrige Lösung von der ätherischen Schicht durch Abheben getrennt und zu nachfolgenden Proben benutzt.

1) Beim Erwärmen der Flüssigkeit erfolgt stürmische Entwicklung von Stickstoff und die Abscheidung eines braunschwarzen Oeles, welches intensiv nach Nitro-

phenol riecht. Das letztere entsteht aus dem zuerst gebildeten Phenol durch die freigewordene Salpetersäure. Zur Darstellung der Phenole aus den aromatischen Aminen benutzt man desshalb nicht die Nitrate, sondern die Sulfate.

2) Versetzt man die Diazobenzolnitratlösung mit einem Anilinsalz und mit überschüssigem Natriumacetat, so scheidet sich ein gelber krystallinischer Niederschlag von Diazoamidobenzol ab.

3) Fügt man zu der Diazobenzollösung eine essigsaure Lösung von Dimethylanilin, so entsteht nach kurzer Zeit eine prächtige Rothfärbung (Bildung von Azofarbstoff).

4) Versetzt man die Diazobenzollösung mit einer Lösung von Brom in Bromwasserstoff oder Bromkalium, so fällt ein rothbraunes Oel aus; dasselbe erstarrt sehr bald zu blättrigen Krystallen, wenn man nach dem Abgiessen der wässrigen Schicht mit wenig Aether wäscht. Die Krystalle sind Diazobenzolperbromid $C_6H_5.NBr-NBr_2$. Hat man eine genügende Quantität derselben unter Händen, so kann man sie zur Darstellung von Diazobenzolimid benutzen. Zu dem Zweck übergiesst man die Krystalle mit concentrirtem Ammoniak. Unter heftiger Reaction verschwinden dieselben und an ihre Stelle tritt ein dunkles Oel von eigenthümlich betäubendem Geruch, welches zum grössten Theil aus Diazobenzolimid besteht.

## 11. Diazoamidobenzol.

$$C_6H_5.N{=\!=}N-NH.C_6H_5.$$

10 gr Anilin werden in 100 gr Wasser und der für $2^1/_2$ Mol. berechneten Menge starker Salzsäure gelöst (der Gehalt der Salzsäure ist durch das Araeometer zu ermitteln), dann mit Eiswasser sorgfältig abgekühlt und durch Zusatz von der genau für 1 Mol.

berechneten Menge Natriumnitrit, welches in wenig Wasser gelöst ist, in Diazobenzolchlorid verwandelt[1]). Ein Ueberschuss von Nitrit ist sorgfältig zu vermeiden (?), während eine ungenügende Quantität desselben nicht die Reinheit des Diazoamidobenzols, sondern nur die Ausbeute beeinträchtigt (?). Inzwischen werden andere 10 (oder besser 11?) gr Anilin in 50 gr Wasser und der eben genügenden Menge Salzsäure (höchstens 1 Mol. Salzsäure auf 1 Mol. Anilin) gelöst, gut abgekühlt und dieses Gemisch zu der Lösung des Diazobenzolchlorids zugefügt und dann die gesammte Lösung mit ca. 30 gr essigsaurem Natron, welches in wenig Wasser gelöst ist, versetzt.

Dabei scheidet sich das Diazoamidobenzol als rein gelber krystallinischer Niederschlag ab. Ist das Präparat dunkelgelb oder braun gefärbt, so ist entweder ein Ueberschuss von Diazoverbindung vorhanden oder die Temperatur der Flüssigkeit zu hoch gewesen.

Die Abscheidung des Diazoamidobenzols dauert einige Zeit fort; wenn nach ungefähr $1/2$ Stunde eine Probe der Mutterlauge auf weiteren Zusatz von Natriumacetat keine Fällung mehr gibt, wird der Niederschlag auf Colirtuch filtrirt, mit kaltem Wasser sorgfältig gewaschen und durch Abpressen möglichst vollständig von Wasser befreit. Die Masse wird jetzt in heissem Ligroin, welches zwischen ungefähr $70-100^0$ siedet, gelöst, und die Lösung von dem darin suspendirten Wasser heiss abfiltrirt. Beim Erkalten scheidet sich das Diazoamidobenzol in gut ausgebildeten dunkelgelben

---

[1]) Der Gehalt des käuflichen Natriumnitrits ist zuvor durch Titration mit Kaliumpermanganat zu ermitteln; bei einiger Uebung kann auch mit einer unbestimmten Menge $NaNO_2$ operirt werden; man erkennt dann das Ende der Diazotirung durch eine Tüpfelprobe; solange noch unverändertes Anilin in der Lösung enthalten, gibt ein Tropfen der Flüssigkeit bei Zusatz einer Lösung von Natriumacetat nach kurzer Zeit eine Trübung von Diazoamidobenzol.

Krystallen ab. Ist die Darstellung fehlerhaft gewesen, so besitzen die Krystalle eine braune Farbe.

Ausbeute 15 gr.

## 12. Amidoazobenzol.

$$C_6H_5 . N=N - C_6H_4 . NH_2.$$

10 gr Diazoamidobenzol werden in 20 gr Anilin gelöst und 5 gr festes salzsaures Anilin hinzugefügt. Das Gemisch wird auf 40—50° erwärmt, bis eine Probe beim Erwärmen mit Alkohol und Salzsäure keine Gasentwickelung mehr zeigt. ($1/2$—1 Stunde). Aus der Reaktionsflüssigkeit fällt man mit verdünnter Essigsäure die freie Base aus, filtrirt und wäscht mit Wasser nach. Der Niederschlag wird hierauf in viel kochendem Wasser unter tropfenweisem Zusatz von Salzsäure gelöst und von einer kleinen Menge Harz abfiltrirt. Beim Abkühlen scheidet sich das Hydrochlorat des Amidoazobenzols in stahlblauen Nädelchen ab. Den Rest kann man durch Zusatz von Kochsalz abscheiden.

Zur Darstellung der freien Base wird das salzsaure Salz mit der doppelten Menge Alkohol aufgekocht und tropfenweise solange conc. Ammoniak zugesetzt, bis alles gelöst und die Farbe in hellbraun umgeschlagen ist.

Auf vorsichtigen Zusatz von Wasser scheidet sich die Base in schönen gelben Kryställchen ab. Dieselbe kann aus verdünntem Alkohol umkrystallisirt werden. Ausbeute etwa 8 gr.

## 13. Sulfanilsäure.

$$C_6H_4{<}{NH_2\,(1) \atop SO_3H\,(4)}$$

50 gr Anilin werden unter guter Rührung in 150 gr rauchender Schwefelsäure (von 8—10 % Anhydrid) allmälig eingetragen und dann das Gemisch

3—4 Stunden im Oelbad auf 180° erhitzt. Die Reaction ist beendet, wenn eine Probe mit Wasser und wenig überschüssiger Natronlauge versetzt kein Anilin mehr abscheidet. Man giesst dann die ganze Masse in Wasser, wobei die Sulfanilsäure krystallinisch ausfällt. Dieselbe ist je nach der Reinheit des Anilins und der Art des Erhitzens mehr oder weniger gefärbt. Zur Reinigung löst man dieselbe in heisser verdünnter Natronlauge (in concentr. Lauge ist das sulfanilsaure Natron schwer löslich), kocht mit Thierkohle (auf die Reinheit derselben ist ganz besondere Rücksicht zu nehmen) und fällt das Filtrat mit verdünnten Säuren.

Ist das Präparat noch gefärbt, so muss die Behandlung mit Thierkohle wiederholt werden. Ausbeute 55—60 gr.

Von den Salzen der Säure ist die Natronverbindung am schönsten. Dieselbe scheidet sich aus der conc. Lösung der Säure in heisser verdünnter Natronlauge beim Erkalten in schön ausgebildeten farblosen Krystallen ab.

## 14. Diazobenzolsulfosäure.

$$C_6H_4\!\!<\!\!{}^{N=N}_{SO_3}\!\!>$$

20 gr auf dem Wasserbad getrocknete Sulfanilsäure werden in wenig überschüssiger Natronlauge heiss gelöst und die Lösung soweit verdünnt, dass beim Abkühlen auf 50° keine Krystallisation erfolgt. Diese Lösung wird jetzt mit etwas mehr als der berechneten Menge Natriumnitrit versetzt und das Gemisch unter gutem Umrühren in überschüssige **kalte** verdünnte Schwefelsäure eingegossen. Nach kurzer Zeit scheidet sich die Diazoverbindung als weisse Krystallmasse ab. Man befördert die Krystallisation durch Abkühlen und filtrirt nach einigem Stehen ab.

Die Diazonverbindung ist verhältnissmässig beständig, sie kann aus Wasser von 60° ohne Gefahr umkrystallisirt werden. Sie löst sich auch ohne Zersetzung in Alkalien und wird durch Säuren wieder gefällt. Die Verbindung kann auch im trockenen Zustande aufbewahrt werden; indessen ist doch bei der Behandlung des trockenen Präparates Vorsicht nöthig, da dasselbe zuweilen beim Reiben heftig explodirt. Ausbeute gut.

## 15. Helianthin.

$$HSO_3 \cdot C_6H_4 \cdot N{=}N \cdot C_6H_4 \cdot N(CH_3)_2.$$

Die wie oben beschrieben dargestellte Diazobenzolsulfosäure wird in möglichst wenig verdünnter Natronlauge gelöst und die Flüssigkeit in eine Lösung von etwas mehr als der berechneten Menge Dimethylanilin in Essigsäure gegossen. Dabei scheidet sich das Natronsalz des Farbstoffes in glänzenden rothgelben Blättchen ab.

Dieselben werden filtrirt und aus heissem Wasser umkrystallisirt. Versetzt man ihre warme Lösung mit verdünnter Essigsäure, so fällt der freie Farbstoff als rothgelbes krystallinisches Pulver aus; während ein Ueberschuss von Salzsäure das schön krystallisirende blauviolett gefärbte Hydrochlorat erzeugt. Für die Darstellung des Farbstoffes ist es nicht nöthig, die Diazoverbindung zu isoliren. Man kann vielmehr direkt von der Sulfanilsäure ausgehen und die Diazotirung und Farbstoffbildung in einer Operation ausführen.

Man verfährt dann in folgender Weise:

1 Mol. (10 gr) Sulfanilsäure werden in genau 1 Mol. verdünnter Natronlauge gelöst, mit 1 Mol. $NaNO_2$ versetzt und in der Kälte 1 Mol. Salzsäure zugefügt. Diese Lösung versetzt man ohne weiteres mit 1 Mol. Dimethylanilin in wenig HCl und fügt wieder Natronlauge zu. Nach kurzer Zeit scheidet sich das

Natronsalz des Farbstoffs ab. Man kann die Abscheidung durch Zusatz von Kochsalz vervollständigen.

## 16. Phenylhydrazin.

$C_6H_5 . NH - NH_2$.

1. 50 gr Anilin werden in $2^1/_2$ Mol. conc. Salzsäure und 300 gr Wasser gelöst, gut abgekühlt, durch die berechnete Menge Natriumnitrit diazotirt und diese Flüssigkeit in eine kalte, möglichst gesättigte Lösung von $2^1/_2$ Mol. $Na_2SO_3$ eingegossen.

Man benutze hiezu die käufliche Lösung von Natriumbisulfit, welche ca. 40 % $NaHSO_3$ enthält. Dieselbe wird für den vorliegenden Zweck mit Natronlauge neutralisirt.

Eine Probe der Flüssigkeit muss beim Kochen klar bleiben, im anderen Falle fehlt es an schwefligsaurem Salz. Die Lösung wird jetzt erwärmt, mit Zinkstaub und etwas Essigsäure versetzt, bis sie farblos geworden und heiss vom Zinkstaub abfiltrirt. Das heisse Filtrat, welches phenylhydrazinsulfonsaures Natron enthält, wird sofort in der Hitze mit $^1/_3$ Volumen rauchender Salzsäure versetzt. Dabei erstarrt die Masse zu einem Krystallbrei von salzsaurem Phenylhydrazin. Nach dem Erkalten der Lösung colirt man das Salz und entfernt die Mutterlauge möglichst vollständig durch Abpressen. Das Salz wird in einer Schüttelflasche mit überschüssiger Natronlauge übergossen, durchgeschüttelt und die abgeschiedene Base mit Aether aufgenommen. Die ätherische Lösung wird auf dem Wasserbade verdampft, der Rückstand 12 Stunden über geglühtem $K_2CO_3$ getrocknet, von letzterem abgegossen und fractionirt.

Die Fraction von 200—240° besteht zum grössten Theil aus Phenylhydrazin. Will man die Base ganz rein erhalten, so wiederholt man die Destillation im luftverdünnten Raume, oder lässt das Oel in kühlen Räumen krystallisiren und giesst den flüssig bleibenden, gefärbten Theil von den farblosen Krystallen ab. Ausbeute 40 gr.

2. 10 gr Anilin werden in 100 cc starker Salzsäure gelöst, durch Zusatz der berechneten Menge Natriumnitrit diazotirt, und diese Flüssigkeit langsam, unter gutem Umrühren in eine kalte stark saure Lösung von Zinnchlorür (bereitet durch Lösen von 60 gr käuflichem Zinnchlorür in Salzsäure) eingetragen. Das sich gleich abscheidende salzsaure Phenylhydrazin wird weiter behandelt, wie oben angegeben.

### Reaktionen der Base.

1. Sie reducirt Fehling'sche Lösung schon in der Kälte.
2. Sie liefert mit Salzsäure das schwerlösliche Hydrochlorat.

### 17. Monoaethylanilin.

$$C_6H_5 . NH . C_2H_5.$$

50 gr Anilin mit 65 gr Bromäthyl (etwas mehr als die berechnete Menge) werden im Wasserbade am Rückflusskühler 1 bis 2 Stunden in gelindem Sieden erhalten, bis die Masse fast vollständig erstarrt ist. Man löst jetzt in Wasser, verjagt die geringe Menge von unverändertem Bromäthyl durch Kochen, übersättigt die Lösung mit Natronlauge, und extrahirt die abgeschiedenen Basen mit Aether. Das beim Verdampfen des Aethers zurückbleibende Oel ist ein Gemenge von unverändertem Anilin, von Mono- und Diäthylanilin. Dasselbe wird in verdünnter überschüssiger Salzsäure (100 gr rauchende Salzsäure und 500 gr Wasser) gelöst, mit Eis gekühlt und etwa 30 gr Natriumnitrit zugesetzt. Dabei entstehen Diazobenzolchlorid, salzsaures Nitrosodiaethylanilin und Aethylphenylnitrosamin. Das letztere scheidet sich als dunkles Oel ab und wird sofort mit Aether extrahirt.

Zur Rückverwandlung in Aethylanilin wird das Nitrosamin nach dem Verdampfen des Aethers in derselben Weise wie das Nitrobenzol mit Zinn und Salzsäure reducirt und die Base aus der salzsauren Lösung ebenso wie das Anilin isolirt und nach dem Trocknen mit Kali destillirt. Siedepunkt 204⁰. Ausbeute 20 bis 25 gr.

## 18. Nitrosodimethylanilin.

$$C_6H_4{<}^{NO}_{N(CH_3)_2}.$$

20 gr Dimethylanilin werden in 100 gr 20 prozentiger Salzsäure gelöst und in die gut gekühlte Lösung die berechnete Menge Natriumnitrit, welches in wenig Wasser gelöst ist, unter Umrühren langsam eingetragen. Schon während der Operation scheidet sich das Hydrochlorat der Nitrosoverbindung in gelben Nadeln ab. Zur Vervollständigung der Krystallisation lässt man etwa eine Stunde stehen, filtrirt dann auf der Saugpumpe und wäscht mit verdünnter Salzsäure nach. Das Salz kann durch Umkrystallisiren aus heissem Wasser leicht gereinigt werden. Zur Darstellung der freien Base wird das Salz in Wasser suspendirt, mit Natronlauge in der Kälte zersetzt und die abgeschiedene Base mit Aether extrahirt. Beim Abdunsten des Aethers scheidet sich die Verbindung in prächtigen gelbgrünen Blättern ab.

Ausbeute fast quantitativ.

### Reaktionen.

1. Die salzsaure Lösung der Base wird durch Zinn oder Zink rasch entfärbt. (Bildung von Paramidodimethylanilin.)

2. Mit Natronlauge gekocht gibt die Nitrosoverbindung den Geruch des Dimethylamins, gleichzeitig färbt sich die alkalische Lösung dunkelroth durch Bildung von Nitrosophenol.

### 19. Jodaethyl.
$C_2H_5J.$

10 gr amorpher Phosphor werden in einem Kolben mit 50 gr absolutem Alkohol übergossen und dazu im Laufe von 1—1½ Stunden unter häufigem Umschütteln 100 gr Jod zugefügt. Man lässt das Gemisch mehrere Stunden unter zeitweisem Umschütteln bei gewöhnlicher Temperatur stehen, erhitzt dann eine Stunde im Wasserbade am Rückflusskühler und destillirt schliesslich den grössten Theil der Flüssigkeit aus dem Wasserbade ab.

Als Rückstand bleibt neben amorphem Phosphor eine conc. Lösung von phosphoriger und Phosphorsäure, welche nicht weiter zu verwerthen ist.

Das durch freies Jod braun gefärbte Destillat ist ein Gemisch von Alkohol und Jodaethyl. Dasselbe wird mit dem mehrfachen Volumen Wasser und soviel Natronlauge versetzt, dass bei kräftigem Umschütteln das abgeschiedene Jodaethyl vollständig entfärbt wird.

Man hebt dann das Oel im Scheidetrichter ab, trocknet mit gekörntem Chlorcalcium und destillirt über demselben aus dem Wasserbade ab [1]). Hat man durch Waschen mit Wasser den Alkohol vollständig entfernt, so ist das Präparat chemisch rein. Die Ausbeute ist nahezu quantitativ. Beim Aufbewahren in Glasgefässen färbt sich das Jodaethyl durch Ausscheidung von Jod allmählich violett bis braun. Man kann dies verhindern, indem man zu der Flüssigkeit eine kleine Menge molekulares Silber zusetzt. Ausbeute 100 gr.

### 20. Aethylnitrat.
$C_2H_5.NO_3.$

100 gr ausgekochte, kalte Salpetersäure vom spec. Gew. 1,41 werden mit 5 gr Harnstoff versetzt, dann

---

[1]) Alle Flüssigkeiten, welche unter 100° sieden, können über Clorcalcium destillirt werden.

75 gr absoluter Alkohol zugefügt und aus dem Wasserbade aus einer tubulirten Retorte ungefähr bis zur Hälfte abdestillirt. Man lässt jetzt durch den Tubus aus einem Tropftrichter ein Gemisch von 200 gr derselben Salpetersäure mit 150 gr absolutem Alkohol, welchem einige Gramm Harnstoff zugesetzt sind, zutropfen in dem Maasse, wie die Flüssigkeit abdestillirt. Der Zusatz von Harnstoff hat den Zweck, die nebenbei entstehende salpetrige Säure zu zerstören.

Das Destillat ist ein Gemisch von Aethylnitrat mit Alkohol. Dasselbe wird mit Wasser versetzt, der abgeschiedene Ester einigemal mit Wasser gewaschen, mit Chlorcalcium getrocknet und aus dem Wasserbade abdestillirt. Siedepunkt 86⁰.

### 21. Aldehyd und Aldehydammoniak.
$C_2 H_4 O.$     $C_2 H_4 O . NH_3.$

200 gr Kaliumdichromat, welches in linsengrosse Stücke zerschlagen ist, werden in einem Kolben von mindestens 2 Liter, der mit Kühler und einer in Eiswasser befindlichen Vorlage verbunden ist, mit 600 gr Wasser übergossen. Dazu lässt man dann ein Gemisch von 200 gr Alkohol und 270 gr concentr. Schwefelsäure aus einem Tropftrichter unter öfterem Umschütteln langsam zufliessen. Die Masse erwärmt sich von selbst, färbt sich grün und es destillirt eine reichliche Menge von Aldehyd neben Alkohol und Wasser.

Das Destillat wird aus dem Kolben $a$ (Fig. 8), der sich in einem Wasserbade befindet, nochmals destillirt. Die Dämpfe passiren den aufrecht stehenden Kühler $d$, welcher aus dem Gefäss durch den heberartig angebrachten Gummischlauch $f$ mit Wasser von 25⁰ gefüllt wird. Die letztere fliesst durch den Schlauch $g$ ab in dem Maasse, wie die Klemmschraube $h$ gestellt ist.

In dem Kühler werden die Alkohol- und Wasserdämpfe condensirt, während die Aldehyddämpfe durch das Rohr *i* und die Kugelröhre *b* in die Vorlage *c* gelangen. Die letztere enthält trockenen Aether, welcher den Aldehyd leicht absorbirt. Leitet man in den Aether später trockenes Ammoniak[1]) ein, so scheidet sich das Aldehydammoniak sofort in Krystallen ab. Dieselben werden auf der Saugpumpe filtrirt, mit Aether gewaschen und auf Fliesspapier getrocknet. Zur Ge-

Fig. 8.

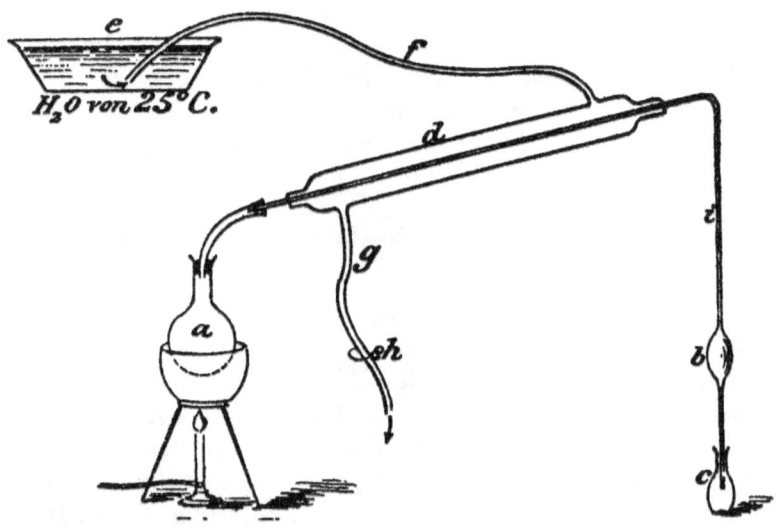

winnung von reinem Aldehyd werden die Krystalle mit verdünnter Schwefelsäure destillirt, der Aldehyd mit Chlorcalcium getrocknet und nochmals destillirt.

Siedepunkt 21°.

*Reaktionen.*

1. Reduction einer ammoniakalischen Silberlösung — Silberspiegel — die Probe kann bei Zugabe von überschüssigem Ammoniak misslingen.

---

[1]) Dasselbe wird aus concentrirter Ammoniaklösung durch Erwärmen entwickelt und durch Ueberleiten über gebrannten Kalk getrocknet.

2. Färbung einer wässrigen Aldehydlösung beim Erwärmen mit Alkalien.
3. Umwandlung in Paraldehyd durch einen Tropfen conc. Schwefelsäure.

## 22. Acetoxim.

$(CH_3)_2 C = NOH.$

5 gr salzsaures Hydroxylamin werden in 10 gr Wasser gelöst, mit der aequivalenten Menge concentrirter Natronlauge (3 gr NaOH) versetzt und dann mit 6 gr gewöhnlichem Aceton vermischt. Wenn nach mehrstündigem Stehen die Flüssigkeit Fehling'sche Lösung nicht mehr reduzirt, wird das Acetoxim der wässrigen Lösung durch wiederholtes Ausschütteln mit Aether entzogen. Beim Verdampfen des Aethers krystallisirt dasselbe in farblosen langen harten Prismen. Ausbeute 80—85% der Theorie, berechnet auf das angewandte Hydroxylamin. Schmelzpunkt $60^0$.

Durch Kochen mit verdünnter Salzsäure oder Schwefelsäure wird das Oxim leicht unter Rückbildung von Hydroxylamin zersetzt. Man erkennt das daran, dass die neutralisirte Flüssigkeit Fehling'sche Lösung stark reduzirt.

## 23. Aethylenbromid.

$C_2 H_4 Br_2.$

25 gr absoluter Alkohol werden mit 150 gr concentrirter Schwefelsäure gemischt und in den circa 2 Liter fassenden Rundkolben $a$ (Fig. 9) eingefüllt. Das Gemisch wird mit Hülfe eines Gasofens vorsichtig erhitzt, bis eine lebhafte Entwicklung von Aethylen eintritt. Man lässt jetzt aus dem Tropftrichter ein Gemisch von 1 Theil Alkohol und 2 Theilen concentrirter Schwefelsäure so rasch zufliessen, dass eine constante Gasentwicklung ohne starkes Schäumen stattfindet. Die

entweichenden Gase passiren die beiden Waschflaschen *b* und *c*, von welchen die erstere mit Wasser, die zweite mit verdünnter Natronlauge gefüllt ist. Dann treten sie in die Absorptionsgefässe *d* und *e*, welche bis zur Marke mit je 100 gr Brom gefüllt sind. Bei zu starker Erwärmung der Absorptionsgefässe werden dieselben durch Einstellen in kaltes Wasser gekühlt. Das Einleiten des Aethylens wird fortgesetzt, bis das Brom

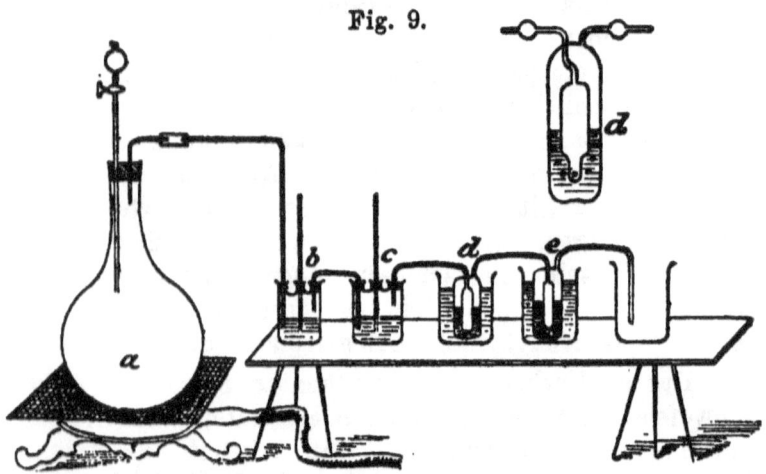

Fig. 9.

völlig entfärbt ist. Eventuell ist hierzu eine neue Beschickung des Entwicklungsgefässes nöthig. Jetzt wird der Inhalt der Absorptionsgefässe mit verdünnter Natronlauge gewaschen, mit Chlorcalcium getrocknet, von dem letzteren schliesslich abgegossen und fractionirt. Siedepunkt 131,5°. Ausbeute 200 gr.

## 24. Glycol.
$C_2H_4(OH)_2$.
(*Erlenmeyer*, Annal. 192. 250 ff.)

94 gr Aethylenbromid, 69 gr reines Kaliumcarbonat (dargestellt aus Bicarbonat) und 500 gr Wasser werden circa 10 Stunden am Rückflusskühler gekocht, bis alles Bromid verschwunden ist. Man thut gut, in

den Kolben Holzstäbchen einzubringen, um das Sieden und die Mischung des Oels mit dem Wasser zu erleichtern.

Dann wird die Lösung möglichst stark auf dem Wasserbade bis zur Krystallisation des Bromkali eingedampft und der Rückstand mit absolutem Alkohol aufgenommen. Das alkoholische Filtrat wird wieder verdampft und der Rückstand erst aus dem Oelbade destillirt und dann fractionirt. Siedepunkt des Glycols 197°.

Bei dem Verdampfen der wässerigen Lösung auf dem Wasserbade verflüchtigt sich eine beträchtliche Menge von Glycol. Der Verlust wird viel geringer, wenn das Verdampfen im luftleeren Raume geschieht. Dazu kann der einfache Apparat (Fig. 10) dienen.

Fig. 10.

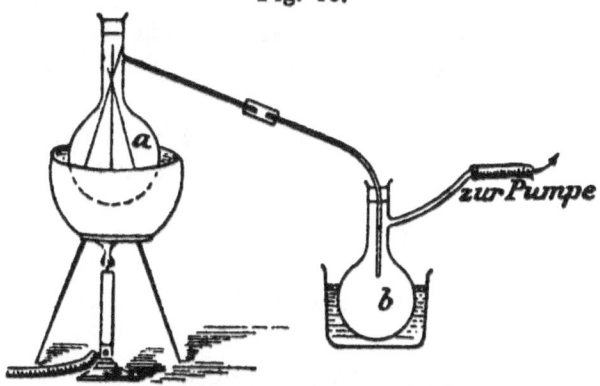

$a$ und $b$ sind Fractionirkolben; der erste befindet sich in dem angeheizten Wasserbade und darf höchstens zu $1/8$ gefüllt werden; der zweite wird durch Eiswasser gekühlt. Das Sieden der Flüssigkeit in $a$ wird durch Holzstäbchen erleichtert.

Ausbeute 9—10 gr.

## 25. Benzylchlorid.
$C_6H_5 . CH_2Cl$.

100 gr Toluol (von dessen Reinheit man sich durch einen Siedeversuch überzeugt hat) werden in

einem Kolben von circa 300 cc tarirt, dann am gut wirkenden Rückflusskühler zum gelinden Sieden erhitzt und gleichzeitig ein ziemlich kräftiger Strom von getrocknetem Chlor eingeleitet.

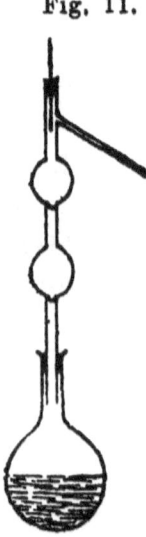

Fig. 11.

Die Operation wird unterbrochen, wenn die Gewichtszunahme des Kolbens circa 37 gr beträgt, was dem Eintritt von 1 Atom Chlor entspricht. Es ist vortheilhaft, die Operation bei Tageslicht auszuführen.

Die Flüssigkeit wird jetzt der fractionirten Destillation unterworfen. Dabei geht zunächst unverändertes Toluol über, dann folgt als Hauptfraction das Benzylchlorid, aufzufangen von 160 bis 190°, und als Rückstand bleibt ein Gemenge chlorreicherer Produkte (besonders Benzalchlorid).

Das Benzylchlorid wird durch nochmaliges Fractioniren gereinigt. Dazu benutzt man nicht den gewöhnlichen Fractionirkolben, sondern den beistehenden Linnemann'schen Apparat (Fig. 11).

Siedepunkt 176°. Ausbeute etwa 50 gr.

## 26. Bittermandelöl.

$C_6H_5 \cdot COH$.

50 gr Benzylchlorid werden mit 40 gr Kupfernitrat oder der entsprechenden Menge Kalknitrat und 250 gr Wasser am Rückflusskühler 6—8 Stunden gekocht, bis eine Probe des Oels keinen oder nur einen geringen Chlorgehalt mehr zeigt. Um die Oxydation der Bittermandelöldämpfe durch die Luft während des langen Processes zu vermeiden, ist es vortheilhaft, einen langsamen Kohlensäurestrom durch den Apparat durchzuleiten.

Jetzt wird das Oel mit Aether extrahirt, der Aether verdampft und das Oel mit einer concentrirten Lösung von Natriumbisulfit — man benutze dazu die käufliche Lösung von $40\%$ $NaHSO_3$ — anhaltend geschüttelt. Dabei erstarrt die Masse zu einem Brei von Krystallen der Aldehydbisulfitverbindung. Dieselbe wird nach einigen Stunden auf der Pumpe abfiltrirt und erst mit wenig Wasser, dann mit Alkohol gewaschen. Nach dem Absaugen des Alkohols werden die Krystalle mit verdünnter Schwefelsäure erwärmt, der in Freiheit gesetzte Aldehyd mit Aether extrahirt, der Aether verdampft und der Aldehyd destillirt. Siedepunkt 179°. In Folge der leichten Oxydirbarkeit des Bittermandelöls entsteht ein beträchtlicher Verlust. Ausbeute nur 16—20 gr.

### 27. Benzylalkohol.
$C_6H_5 \cdot CH_2 \cdot OH$.

(*R. Meyer*, Ber. d. d. chem. Ges. XIV. 2394).

50 gr Bittermandelöl werden in einer Stöpselflasche mit einer kalten Lösung von 45 gr festem Kali in 30 gr Wasser bis zur bleibenden Emulsion geschüttelt und die Mischung 15—20 Stunden stehen gelassen. Dabei erstarrt dieselbe durch Ausscheidung von Kaliumbenzoat. Man fügt Wasser bis zur Lösung der Krystalle zu, wobei auch der Benzylalkohol in Lösung geht. Die Flüssigkeit wird desshalb direkt mit Aether mehrmals ausgeschüttelt, der Aether abdestillirt und das Oel ohne weitere Behandlung fractionirt. Der grösste Theil geht innerhalb weniger Grade über und ist reiner Benzylalkohol. Die Ausbeute beträgt circa $90\%$ der Theorie. Siedepunkt des Alkohols 206°.

Manchmal entzieht sich eine kleine Menge des Aldehyds der Wirkung des Alkalis. Dann ist es nöthig, die ätherische Lösung des Alkohols mit einer conc. Lösung von Natriumbisulfit zu schütteln, bevor man denselben destillirt.

## 28. Benzoïn.
$C_6H_5 . CO . CH . (OH) . C_6H_5$.

(*Zinke*, Annalen 198, 150)

50 gr Bittermandelöl werden mit 5 gr Cyankalium (käufl. 96 % Präparat) 100 gr Alkohol und 100 gr Wasser 15—20 Minuten am Rückflusskühler gekocht. Beim Erkalten scheidet sich das Benzoïn als Krystallbrei ab. Man filtrirt auf der Pumpe und krystallisirt das Produkt aus heissem Alkohol. Die erste Mutterlauge wird nochmals mit etwa 2 gr KCN zum Sieden erhitzt und das gebildete Benzoïn wie zuvor abgeschieden. Ausbeute circa 90 % vom Bittermandelöl.

## 29. Benzil.
$C_6H_5 . CO . CO . C_6H_5$.

20 gr Benzoin werden mit gewöhnl. Salpetersäure auf dem Wasserbade erhitzt, wobei eine lebhafte Reaktion stattfindet. Die festen Krystalle verwandeln sich bald in gelbes Oel, welches anfangs ein Gemenge von Benzil und Benzoïn ist. Durch öfteres Umschütteln sorgt man dafür, dass das Oel in innige Berührung mit der Säure gelangt.

Die Oxydation dauert 1—2 Stunden. Von der vollständigen Umwandlung des Benzoïns überzeugt man sich am besten durch eine Probe mit Fehlingscher Lösung. Zu dem Zweck giesst man einen Tropfen des Oels in Wasser, wobei dasselbe krystallinisch erstarrt; diese Krystalle löst man in Alkohol, verdünnt mit Wasser, fügt dann Fehling'sche Lösung zu und erwärmt auf 60—70°. Solange noch Benzoïn zugegen, findet die Abscheidung von Cuprooxyd statt. Sobald die Oxydation beendet, giesst man das Produkt in Wasser, filtrirt die erstarrte Krystallmasse und löst in heissem Alkohol. Beim Erkalten scheidet sich das Benzil in prächtigen gelben Prismen ab. Die Ausbeute ist sehr gut.

Controle der Reinheit durch die Bestimmung des Schmelzpunktes $90^0$.

## 30. Benzilsäure.

$(C_6 H_5)_2 C . (OH) . CO_2 H$.

In einem Silber-, oder Kupfertiegel[1]) werden 40 gr Aetzkali mit wenig Wasser geschmolzen, dann in die auf $150^0$ abgekühlte Masse unter Umrühren 10 gr trocknes Benzil eingetragen. Das Benzil schmilzt und verwandelt sich nach kurzer Zeit in eine feste Masse von benzilsaurem Kali. Sobald alles Oel verschwunden, lässt man erkalten, löst dann die ganze Schmelze in Wasser und fällt die Benzilsäure durch Uebersättigen mit Salzsäure. Nach dem Erkalten der Lösung wird die Krystallmasse filtrirt und mit kaltem Wasser gewaschen.

Die so erhaltene Rohsäure enthält gewöhnlich kleine Mengen von Benzoësäure. Um diese zu entfernen, kocht man das Product in einer Schale mit Wasser, bis der Geruch der Benzoësäure verschwunden ist.

Die nicht flüchtige Benzilsäure wird sodann durch Umkrystallisiren aus heissem Wasser gereinigt. Ausbeute fast quantitativ.

Schmelzpunkt $150^0$.

*Charakterist. Reaktion.* Die Säure löst sich in conc. Schwefelsäure mit prachtvoll rothvioletter Farbe, welche beim Verdünnen mit Wasser wieder verschwindet.

---

[1]) Für die meisten Alkalischmelzen sind Tiegel und Spatel von Kupfer brauchbar und wegen des viel billigeren Preises den Silbergefässen vorzuziehen.

Um die Temperatur der Schmelze zu bestimmen, benutzt man gewöhnliche Thermometer, welche vor der Wirkung des Alkalis durch eine eng anliegende Hülle von dünnem Kupferblech geschützt sind. Dieselben können, wenn sie genügend stark sind, zugleich als Rührer dienen.

### 31. Zimmtsäure.
$C_6 H_5 . CH : CH . CO_2 H$.

(nach der Reaktion von *Perkin*.)

20 gr Bittermandelöl werden mit 30 gr frisch destilliertem Essigsäureanhydrid und 10 gr wasserfreiem (d. h. geschmolzenem) Natriumacetat 8 Stunden, am besten im Oelbade am Rückflusskühler gekocht. Die noch heisse Masse wird in die 4—5fache Menge Wasser gegossen und so lange Wasserdampf hindurchgeleitet, bis alles unveränderte Bittermandelöl abgetrieben ist. Dabei wird zugleich das überschüssige Essigsäureanhydrid entweder übergetrieben oder als Essigsäure gelöst. Die rückständige Masse, welche ein Gemenge von Wasser, Essigsäure und einem darin suspendirten braunen Oel ist, scheidet beim Erkalten reichliche Mengen Zimmtsäure aus.

Man behandelt das Gemenge, ohne zuvor zu filtriren, sofort in der Wärme mit überschüssiger, fester Soda.

Dabei geht die Zimmtsäure als Natronsalz in Lösung. Von dem ungelösten Oel wird heiss durch ein nasses Faltenfilter filtrirt.

Bei Ansäuern des Filtrats mit Salzsäure scheidet sich die Zimmtsäure schon in der Wärme als krystallinische Masse ab. Man lässt zur Vervollständigung der Krystallisation erkalten, filtrirt die abgeschiedene Zimmtsäure und reinigt dieselbe durch 1—2malige Krystallisation aus heissem Wasser.

Bestimmung des Schmelzpunktes (133⁰).

Ausbeute 12 bis 14 gr Zimmtsäure.

### 32. Hydrozimmtsäure.
$C_6 H_5 . CH_2 . CH_2 . CO_2 H$.

10 gr Zimmtsäure werden in 50 gr Wasser und der eben nöthigen Menge Natronlauge in einer Stöpselflasche von circa 200 cc Inhalt gelöst und in die Lösung

allmälig unter kräftigem Umschütteln 2½prozentiges Natriumamalgam[1]) eingetragen. Schliesslich wird die alkalische Lösung vom Quecksilber abgegossen, mit Salzsäure gefällt und die abgeschiedene Hydrozimmtsäure durch Umkrystallisiren aus Wasser gereinigt. Controle der Reinheit durch Bestimmung des Schmelzpunktes 47°. Ausbeute sehr gut.

## 33. Acetessigester.

$CH_3 . CO . CH_2 . CO_2 . C_2H_5$.

(*Wislicenus*, Annalen 186. 214.)

Zu 300 gr reinem, mit Chlorcalcium getrocknetem Essigester, welcher sich in einem mit Rückflusskühler verbundenen Kolben befindet, werden 30 gr Natrium in feinen Scheiben oder besser in Drahtform auf einmal hinzugegeben. Die Flüssigkeit geräth bald in's Sieden. Wenn die Wärmeentwicklung nachlässt, erhitzt man auf dem Wasserbade bis zur vollständigen Lösung des Metalls. In die noch warme flüssige Masse giesst man unter Umschütteln verdünnte Schwefelsäure (1 : 5) bis zur sauren Reaction und lässt erkalten. Nachdem die durch Schütteln gut durch einander gearbeiteten Flüssigkeiten sich wieder getrennt haben, hebt man die obere ab,

---

[1]) Zur Bereitung des Amalgams giesst man 500 gr reines, trockenes Quecksilber in einen Porzellanmörser unter gut ziehendem Abzug und trägt die 2½% metall. Natrium in Scheiben von der Grösse eines Zweimarkstückes ziemlich rasch hintereinander ein, wobei man jedes einzelne Scheibchen mit dem Pistill unter das Quecksilber auf den Boden des Mörsers aufdrückt. Bei einiger Vorsicht kann man so leicht die lästige Entzündung des Metalls und das Umherschleudern von brennenden Natriumstückchen vermeiden. Immerhin ist es sehr rathsam, bei dieser Operation das Gesicht durch die Glasscheibe des Abzuges und die Hände durch Handschuhe zu schützen.

Das Präparat wird in Stöpselflaschen mit weiter Oeffnung aufbewahrt.

wäscht sie noch einmal mit wenig Wasser und destillirt auf einem Kolben bei Wasserbadhitze den grössten Theil des unveränderten Essigesters ab. Der Rückstand wird darauf mehrmals fractionirt destillirt. Die Fraction von $175^0—185^0$ enthält fast reinen Acetessigester. Die in der Retorte bleibenden gelben Rückstände erstarren beim Erkalten zu einem festen Krystallbrei von Dehydracetsäure. Die Ausbeute von Acetessigester erreicht im Maximum den Betrag von 50 gr, bleibt aber bei langer Dauer der Auflösung des Metalles, oder wenn man, was auf dasselbe hinauskommt, mit grösseren Massen auf einmal operirt, oft wesentlich hinter dieser Grösse zurück.

*Reactionen des Acetessigesters.*

1) Färbung mit Eisenchlorid.
2) Löslichkeit in Alkalien.

Durch Säuren wird der Ester wieder gefällt. Kocht man dagegen einige Zeit die alkalische Lösung, so wird derselbe vollständig zersetzt und liefert Alkohol, Kohlensäure, Aceton und kleinere Mengen von Essigsäure. Eine ähnliche Zersetzung erleidet er beim längeren Kochen mit verdünnten Säuren.

## 34. Diacetbernsteinsäureester.

$$CH_3 . CO . CH — CH . CO . CH_3$$
$$C_2H_5 . O_2C \quad CO_2 . C_2H_5$$

25 gr Acetessigester werden in 150 gr reinem Aether, der über Natrium getrocknet ist, in einer Stöpselflasche von circa 500 cc, die mit Rückflusskühler versehen ist, gelöst und zu dieser Lösung 5 gr Natrium, am besten in Form von feinem Draht zugegeben. Den Metalldraht stellt man mit Hülfe einer Presse her.

(Die gewöhnlichen kleinen Natriumpressen, wie sie z. B. die Firma Warmbrunn und Quilitz liefert, sind viel zu schwach construirt und versagen schon nach kurzem Gebrauch den Dienst. Eine für Laboratoriumszwecke sehr geeignete Presse wird von dem Mechaniker Reiniger in Erlangen zum Preise von ca. 50 Mark geliefert. Bei der Pressung lässt man den Draht direkt in reinen Aether oder besser in Toluol eintreten, um ihn vor der Feuchtigkeit der Luft zu schützen.) —

Unter lebhafter Wasserstoffentwicklung verwandelt sich das Natrium allmälig in eine äusserst fein vertheilte Masse von Natracetessigester. Nach 1—2 Stunden ist die Hauptreaktion zu Ende. Ein Theil des Natriums ist jetzt durch den Natracetessigester so umhüllt, dass er nicht mehr angegriffen wird. Man verschliesst desshalb die Flasche für einen Moment mit dem Stöpsel und schüttelt kräftig um. Das Metall wird wieder blank, die Wasserstoffentwicklung beginnt von Neuem und wenn man diese Operation einige Male wiederholt, so ist das Metall in verhältnissmäsig kurzer Zeit verschwunden.

Jetzt löst man ungefähr 20 gr feingepulvertes Jod in reinem Aether und giesst diese Lösung in kleinen Portionen unter fortwährendem Umschütteln zu dem Natracetessigester. Die Umsetzung findet momentan statt und es scheidet sich eine reichliche Menge von Jodnatrium ab. Sobald die Farbe des Jods nicht mehr sofort verschwindet, wird die Lösung filtrirt, der Aether verdampft und der zurückbleibende Diacetbernsteinsäureester aus Aether oder Eisessig umkrystallisirt.

*Reaction auf Doppelketone von der Stellung 1. 4.*
(*L. Knorr.* B. 19, 46.)

Man löst eine kleine Probe des Diacetbernsteinsäureesters in Eisessig, fügt eine Lösung von Ammoniak in überschüssiger Essigsäure zu und kocht das Gemisch etwa eine halbe Minute lang, fügt dann verdünnte Schwefelsäure zu und kocht abermals, während man einen Fichtenspahn in die Lösung einführt. Eine intensive Röthung des Spahns zeigt die Bildung eines Pyrrolderivats an.

### 35. Malonsäure.

$$CO_2 H . CH_2 . CO_2 H$$

(*E. Bourgoin.* Ber. XIII. 1358)

50 gr Chloressigsäure werden in 100 gr Wasser gelöst und mit Natriumbicarbonat neutralisirt, alsdann 38 gr gepulvertes Cyankalium (käufliches 96 %iges) zugegeben und nach eingetretener Lösung auf dem Wasserbade erhitzt; hierbei findet ein plötzliches Aufkochen statt, welches das Ende der Reaktion anzeigt. Man lässt jetzt erkalten, fügt zu der Flüssigkeit das doppelte Volumen rauchender Salzsäure und leitet, ohne zu filtriren, gasförmige Salzsäure bis zur Sättigung ein.

Der Niederschlag, welcher aus Chlorkalium, Chlornatrium und Chlorammonium besteht, wird filtrirt, das Filtrat auf dem Wasserbade verdampft und der Rückstand mit Aether ausgezogen. Beim Verdampfen des Aethers bleibt die Malonsäure zurück und erstarrt bald zu blättrigen Krystallen.

Ausbeute circa 70 % der angewandten Chloressigsäure.

### 36. Brenztraubensäure.

$$CH_3 . CO . CO_2 H$$

100 gr Weinsäure und 250 gr saures schwefelsaures Kali werden fein gepulvert, sorgfältig gemengt und aus einer Retorte von circa 1½ Liter Inhalt, im Oelbade, dessen Temperatur nicht über 220° steigen soll, destillirt.

Während der Destillation entweicht eine Menge von stark riechenden Gasen (Benutzung des Abzuges) und es geht eine wässerige Lösung von Brenztraubensäure über. Die Destillation wird unterbrochen, wenn keine erheblichen Mengen von Oeltropfen mehr im Kühler erscheinen. Das Destillat wird sofort der fractionirten Destillation unterworfen, wobei man die Fraction 130 bis 180° besonders auffängt und durch nochmalige Rectification reinigt. Ausbeute 30—35 gr.

Der Siedepunkt der Brenztraubensäure, von welcher ein kleiner Theil bei der Destillation zerfällt, ist ungefähr 165°. Reaktion mit Phenylhydrazin. Eine essigsaure Lösung von Phenylhydrazin wird mit einer wässerigen Lösung von Brenztraubensäure versetzt, wobei sich sofort das Reactionsprodukt in schönen gelben Nadeln abscheidet. Dasselbe dient zur Erkennung der Brenztraubensäure.

## 37. Epichlorhydrin.

$$CH_2Cl-\overset{\overset{\displaystyle O}{\frown}}{CH}-CH_2$$

(*Reboul.* Jahresbericht 1860. 456)

200 gr. Glycerin (welches in offenen Schalen erhitzt ist, bis ein eingetauchtes Thermometer 170° zeigt) werden in dem gleichen Volumen Eisessig gelöst und in diese Lösung zuerst bei gewöhnlicher Temperatur ein kräftiger Strom von gasförmiger Salzsäure, welche in bekannter Weise entwickelt und getrocknet ist, bis zur Sättigung eingeleitet. Dann erwärmt man auf dem Wasserbade und setzt das Durchleiten von Salzsäure noch circa 6 Stunden fort. Das Gemisch bleibt jetzt noch circa 12 Stunden stehen und wird dann der fractionirten Destillation unterworfen. Zuerst geht eine grosse Menge Salzsäure fort, dann destillirt wässrige Essigsäure und schliesslich ein Gemenge von Dichlorhydrin und Acetodichlorhydrin. Die Fraction 160—220° wird besonders aufgefangen und ohne weitere Reinigung auf Epichlorhydrin verarbeitet. Aus der Fraction von 110—160° kann man durch Zusatz von Wasser noch eine kleinere Menge desselben Produktes

ölförmig abscheiden. Die Ausbeute an gesammtem Rohprodukt beträgt circa $120^0/_0$ des angewandten Glycerins.

Die Umwandlung desselben in **Epichlorhydrin** geschieht durch Behandlung mit wässrigem Alkali. Man löst zu dem Zweck 100 gr Kali in der doppelten Menge Wasser, kühlt auf Zimmertemperatur ab und giesst dieselben unter fortwährendem Umschütteln und Kühlung mit Wasser allmälig zu dem rohen Dichlorhydrin. Das ölige Produkt verwandelt sich dabei in das leicht bewegliche Epichlorhydrin. Die Umwandlung vollzieht sich bei Zimmertemperatur glatt und ziemlich vollständig; man vermeide jedoch sorgfältig stärkere Erwärmung der alkalischen Lösung, weil alsdann auch das Epichlorhydrin weiter verseift wird. Nach beendeter Operation wird das Epichlorhydrin abgehoben, oder, wenn das Oel in die Salzmasse zu stark eingebettet ist, mit Aether ausgezogen, mit wenig Wasser gewaschen, mit Chlorcalcium getrocknet und mit dem Linnemann'schen Apparate fractionirt. Die über $130^0$ siedende Fraction ist grösstentheils unverändertes Acetodichlorhydrin und wird nochmals mit Kalilauge behandelt. Siedepunkt des Epichlorhydrin $119^0$. Ausbeute etwa 45 gr.

*Reaction.* Wird beim Erwärmen mit Kalilauge gelöst, d. h. in Glycerin verwandelt.

## 38. Akroleïn.

$$CH_2=CH \cdot COH.$$

200 gr Glycerin, welches in Schalen solange zur Entfernung des Wassers abgedampft war, bis ein eingetauchtes Thermometer $170^0$ zeigt, werden mit 400 gr Kaliumbisulfat, welches in linsengrosse Stücke zerschlagen ist, in einem Rundkolben oder besser in einer Metall-Retorte von beistehender Form (Fig. 12) von mindestens 4 Liter Inhalt zusammengebracht und am besten mehrere Tage vor dem Versuch bei ver-

schlossenem Kolben aufbewahrt. $a$ ist ein Topf von Kupfer oder besser von Eisen mit überspringendem starkem Rande, auf welchen der Deckel $b$ mit Hülfe der Klemmschrauben $c$ und eines zwischen gelegten Ringes von Asbestpappe dicht aufgesetzt ist. Das in den Tubus des Deckels eingesetzte Glasrohr $d$ führt zum Kühler, welcher mit einer doppelt tubulirten Vorlage oder einem Fractionirkolben luftdicht verbunden ist. Von der Vorlage, welche sich in einer Kältemischung befindet, führt ein Abzugsrohr nach einem gut wirkenden Kamin. Der Inhalt der Retorte wird mit Hülfe eines Gasofens langsam erhitzt. Zuerst destillirt fast nur Wassser, später bräunt sich die Masse, bläht sich auf und nun destillirt neben Wasser und schwefliger Säure eine beträchtliche Menge Akroleïn. Die Destillation dauert mehrere Stunden und wird erst unterbrochen, wenn keine erhebliche Menge von Flüssigkeit mehr übergeht.

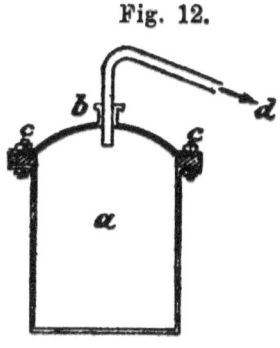

Fig. 12.

Das Destillat besteht aus 2 Schichten, wovon die obere Akroleïn, die untere Wasser ist. Dasselbe enthält beträchtliche Quantitäten von Schwefeldioxyd. Zur Entfernung des letzteren setzt man zu dem Gemisch solange gepulverte Bleiglätte, bis dieselbe auch beim kräftigen Umschütteln nicht mehr in weisses Bleisulfit verwandelt wird. Sobald dies geschehen, wird die ganze Masse auf dem Wasserbade abdestillirt, wobei man wiederum für gute Kühlung der Vorlage Sorge trägt.

Alle diese Operationen werden wegen des scheusslichen Geruches des Akroleïns unter dem Abzuge ausgeführt. Das so erhaltene Präparat wird mit Chlorcalcium getrocknet und nochmals aus dem Wasserbade destillirt. Je rascher die Arbeit ausgeführt wird, um so geringer ist der Verlust durch Polymerisation.

Beim Aufbewahren polymerisirt sich das Präparat; im Laufe weniger Minuten vollzieht sich die Umwandlung, wenn man das Akrolëin mit etwas Alkali oder einer Lösung von Cyankali versetzt. Ausbeute circa 35 gr.

### 39. Zinkaethyl.

100 gr feine Zinkfeile werden mit 100 gr Jodaethyl im Kolben $a$ (Fig. 13) im Wasserbade in mässigem

Fig. 13.

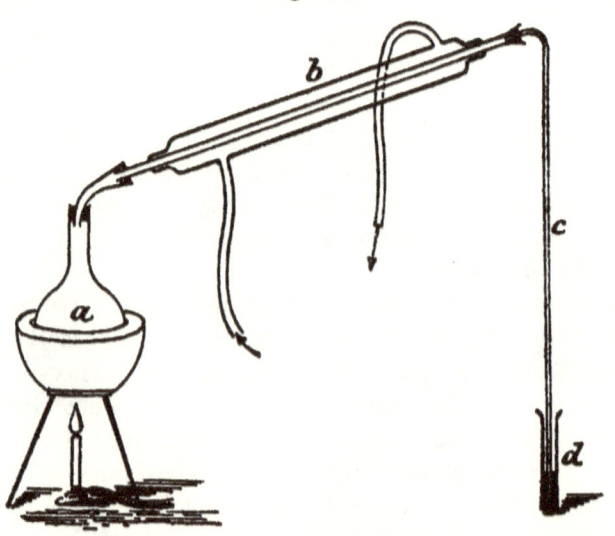

Sieden erhalten. Der Kolben steht in Verbindung mit einem Kühler, dessen offenes Ende mit dem Gasleitungsrohre $c$ luftdicht verbunden; das letztere taucht in dem Gefässe $d$ unter Quecksilber. Letzteres dient als Luftabschluss und ausserdem zur Vermehrung des Druckes im Apparate, resp. zur Erhöhung des Siedepunktes vom Jodaethyl. Die Wechselwirkung zwischen dem Zink und der Jodverbindung macht sich bald durch die regelmässige Entwicklung eines brennbaren Gases (Butan) bemerkbar.

Wenn diese aufhört, ist die Reaktion beendet. Die Dauer der Operation hängt wesentlich von der Feinheit der Zinkfeile ab, sie erfordert in der Regel 4—6 Stunden. Nach Beendigung der Reaktion destillirt man den Inhalt des Kolbens $a$ (Fig. 14) aus dem

Fig. 14.

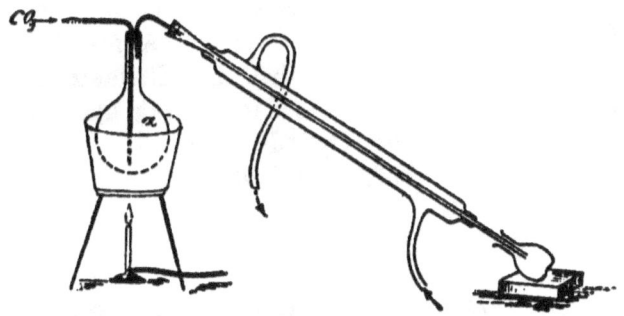

Oelbade, dessen Temperatur anfangs auf 150°, später auf 180° gebracht wird. Gleichzeitig leitet man durch den ganzen Apparat von $b$ her einen langsamen Strom von sorgfältig mit $P_2O_5$ getrockneter Kohlensäure. Das Zinkaethyl sammelt sich in der Vorlage und kann durch nochmalige Destillation im Kohlensäurestrom aus einem Fractionirkölbchen gereinigt werden. Das Präparat wird in sorgfältig verschlossenen Flaschen mit Korkstopfen oder noch besser in zugeschmolzenen Glaskugeln oder Glasröhren nur in **feuersicheren Räumen** aufbewahrt.

## Reaktionen des Zinkaethyls.

1) Brennen an der Luft.
2) Zersetzung durch Wasser. Bildung von Aethan.

Fig. 15.

Fig. 16.

Um das letztere aufzufangen, verfährt man in folgender Weise. Glaskugeln von beistehender Form (Fig. 15) und einigen cc Inhalt werden mit Zinkaethyl gefüllt, am Ende abgeschmolzen und in eine mit Wasser gefüllte Wanne gebracht.

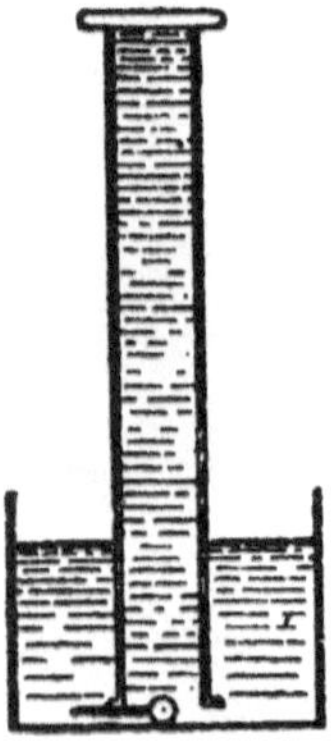

Stülpt man jetzt einen mit Wasser gefüllten Glascylinder darüber und zertrümmert durch Aufdrücken die Kugel, so wird das Zinkaethyl sofort zersetzt und das Aethan sammelt sich in dem Cylinder (Fig. 16). Nebenher entsteht Zinkhydroxyd.

## 40. Ortho- und Para-Nitrophenol.

$$C_6H_4(NO_2)OH$$

50 gr krystallisirtes Phenol werden langsam unter Umschütteln in 300 gr Salpetersäure vom spec. Gewicht 1,11 unter gleichzeitiger Kühlung durch kaltes Wasser eingetragen. Die Flüssigkeit färbt sich gleich von Anfang an dunkelbraun und scheidet schon nach kurzer Zeit eine dunkle Harzmasse ab. Man lässt unter zeitweisem Umschütteln einige Stunden in der Kälte stehen, trennt dann das abgeschiedene Oel, so gut es geht, von der Säure, wäscht dasselbe einige Mal mit Wasser und unterwirft es dann in einem Dampfstrom der Destillation. Dabei geht nur die Orthonitroverbindung als reingelbes Oel über, welches in der Vor-

lage in langen Nadeln erstarrt. Ausbeute 16 gr. Das
Produkt bedarf keiner weitern Reinigung.

Zur Gewinnung der Paraverbindung wird der
harzige Destillationsrückstand mit verdünnter Natronlauge ausgekocht, die wässrige Lösung erst flüchtig
filtrirt, dann mit Thierkohle aufgekocht und nochmals
klar filtrirt. Die dunkelgefärbte alkalische Lösung
wird, wenn nöthig, erst eingedampft und dann mit sehr
concentrirter Natronlauge (1 : 1) versetzt. Dabei
scheidet sich, zumal beim Abkühlen, das Natronsalz des
Paranitrophenols als gelbe krystallinische Masse ab.
Dieselbe wird von der Mutterlauge durch Filtration
und scharfes Pressen befreit, dann nochmals in wenig
Wasser gelöst und in der gleichen Weise durch Natronlauge abgeschieden. Aus dem reinen Natronsalz gewinnt man durch Säuren das Nitrophenol als krystallinisch erstarrendes Oel, welches aus heissem Wasser
oder verdünntem Alkohol umkrystallisirt wird.
Schmelzpunkt 114 $^0$.

## 41. Pikrinsäure.

$$C_6 H_2 (NO_2)_3 . OH$$

10 gr Phenol werden mit 10 gr conc. Schwefelsäure gemischt und das Gemenge in kleinen Portionen
in circa 30 gr. Salpetersäure vom spec. Gewicht 1,4
eingetragen. Dabei findet eine lebhafte Reaktion unter
massenhafter Entwickelung von rothen Dämpfen statt.
Das Gemisch wird jetzt auf dem Wasserbade 1—2
Stunden erwärmt, solange noch eine deutliche Wirkung
der Salpetersäure zu spüren ist. Hierbei verliert die
Flüssigkeit ihre anfangs dunkle Farbe, welche in Gold-
gelb übergeht. Zugleich scheidet sich dabei häufig ein
dunkelgelbes Oel ab, welches grösstentheils aus Dini-
trophenol besteht. Um letzteres vollständig in Pikrin-
säure überzuführen, ist es vortheilhaft, die durch den
Nitrirungsprozess verdünnte Salpetersäure etwa zu $2/3$

zu verdampfen und dann durch rauchende Säure (Vorsicht!) wieder zu ersetzen. Man erwärmt jetzt wieder auf dem Wasserbade, bis eine Probe der Lösung mit Wasser verdünnt gelbe Krystalle abscheidet, welche in reinem kochenden Wasser sich klar und ohne Rücklassung eines Oeles lösen. Jetzt wird die ganze Masse in Wasser gegossen, nach dem Erkalten die abgeschiedenen Krystalle filtrit und aus heissem Wasser umkrystallisirt.

## 42. Chinon und Hydrochinon.

(*Nietzki* Ber. 19, 1467 und *Schniter* Ber. 20, 2283.)

20 gr Anilin werden in 600 cc Wasser und 160 gr Schwefelsäure gelöst, die Lösung auf 10—12° abgekühlt und dann während einer Stunde bei gleicher Temperatur 20 gr feinst gepulvertes Kaliumbichromat in Portionen von je 1 gr unter stetem Umschütteln eingetragen. Man lässt über Nacht stehen und trägt dann erst weiter etwa 40 gr Kaliumbichromat in derselben Art, wie zuvor, in die Lösung ein, bis die blauschwarze Farbe in braun umgeschlagen ist. Die Lösung wird hierauf mehrmals mit ziemlich viel Aether ausgeschüttelt. Wenn die aetherische Schicht sich schwer von der wässerigen Lösung trennt, so fügt man jedesmal nach dem Umschütteln zu dem Aether einige cc Alkohol, wodurch die im Aether suspendirten festen Partikelchen rascher zum Absitzen gelangen. Beim Verdampfen des Aethers bleibt das Chinon als gelbbraun gefärbte Krystallmasse zurück. Die Menge des Rohproduktes beträgt etwa 20 gr. Die Reinigung des Chinons gelingt am Besten durch Destillation mit Wasserdampf, wobei man in folgender Weise verfährt. Das Chinon wird trocken in einen Destillationskolben eingeführt und dann ein kräftiger Wasserdampfstrom darüber geleitet. Derselbe nimmt das Chinon sehr rasch mit und das letztere scheidet sich im Kühler

und in der Vorlage in hellgelben Krystallen wieder aus. Bei dieser Art der Destillation wird nur wenig Chinon verloren. 20 gr Rohprodukt liefern etwa 17 gr destillirtes chemisch reines Präparat.

Zur Umwandlung in das Hydrochinon wird das reine Chinon in Wasser suspendirt und Schwefeldioxyd bis zur völligen Lösung und Entfärbung eingeleitet[1]). Die Flüssigkeit wird jetzt wiederholt ausgeäthert, beim Verdampfen des Aethers bleibt das Hydrochinon als farblose Krystallmasse zurück.

## 43. Salicyl-Aldehyd.

$C_6H_4(COH)OH$

(Vorschrift von *Tiemann* und *Reimer* Ber. 9, 824.)

50 gr Phenol werden mit einer Lösung von 100 gr Aetznatron in 160 gr Wasser gemischt, diese Lösung in einem Kolben, der mit Rückflusskühler verbunden ist, auf 50—60° erwärmt und dann allmälig durch das Kühlrohr 75 gr Chloroform in kleinen Portionen zugegossen.

Unter lebhafter Reaktion färbt sich die anfangs schwach gelbe Flüssigkeit vorübergehend violett und zuletzt tiefroth. Nachdem alles Chloroform eingetragen, erwärmt man $1/2$ Stunde am Rückflusskühler und destillirt dann das überschüssige Chloroform ab.

Die wässrige Lösung wird jetzt mit verdünnter Schwefelsäure angesäuert und mit Wasserdampf solange destillirt, als noch eine erhebliche Menge von Oeltropfen übergeht. Das Gesammtdestillat, welches Phenol und Salicylaldehyd enthält, wird mit Aether

---

[1]) Zur Bereitung der schwefligen Säure benutzt man die käufliche Lösung von Natriumbisulfit. Lässt man zu derselben aus einem Tropftrichter concentr. Schwefelsäure fliessen, so entsteht ein regelmässiger, leicht regulirbarer Gasstrom.

extrahirt und die, wenn nöthig, etwas eingedampfte ätherische Lösung mit einer concentrirten Lösung von Natriumbisulfit längere Zeit kräftig durchgeschüttelt.

(Auf die Qualität des Natriumbisulfits ist besonders Rücksicht zu nehmen).

Hierbei scheidet sich die Verbindung von Salicylaldehyd und Bisulfit in feinen, glänzenden Krystallblättern ab, welche häufig die ganze Flüssigkeit breiartig erfüllen. Das Phenol bleibt bei der Operation in dem Aether gelöst. Wenn eine Probe der ätherischen Flüssigkeit mit wenig Natriumbisulfit geschüttelt, keine Krystalle mehr abscheidet, wird die ganze Masse filtrirt, abgepresst und zur vollständigen Entfernung der phenolhaltigen Aetherlösung mit Alkohol gewaschen. Die reinen Krystalle werden dann mit verdünnter Schwefelsäure in der Wärme zersetzt, der Salicylaldehyd mit Aether aufgenommen, nach dem Verdampfen des letzteren mit Chlorcalcium getrocknet und destillirt. Siedepunkt 196°.

Die Ausbeute beträgt circa 17% vom angewandten Phenol.

## 44. β-Naphtalinsulfosäure.

$C_{10} H_7 . SO_3 H$

In 120 gr 96 procentiger Schwefelsäure, welche auf 90—100° vorgewärmt ist, trägt man nach und nach unter gutem Umrühren 100 gr fein gepulvertes Naphtalin ein. Wenn Alles eingetragen ist (circa $1/4$ Stunde) erhitzt man langsam auf 160—170° und hält 12 Stunden auf dieser Temperatur. Gutes Naphtalin ist nach dieser Zeit bis auf 1—2% sulfurirt und die Schmelze löst sich bis auf eine schwache Trübung vollständig in Wasser.

Man giesst nun dieselbe in $1\frac{1}{2}$ Liter Wasser, neutralisirt kochend mit Kalkmilch, colirt heiss, presst den entstandenen Gyps gut ab, kocht ihn nochmals mit 1 Liter Wasser auf, colirt, presst abermals und dampft die Laugen ein, bis eine Probe beim Erkalten einen dicken Brei liefert.

Man lässt die eingedampfte Lauge 24 Stunden krystallisiren und presst das ausgeschiedene Kalksalz tüchtig aus, wodurch man in der Mutterlauge die leichter löslichen Salze der α-Monosulfosäure und der Disulfosäuren entfernt.

Das Kalksalz wird zur Ueberführung in das Natronsalz in der nöthigen Menge heissen Wassers gelöst und kochend mit so viel Sodalösung versetzt, bis eine abfiltrirte Probe mit Soda keinen Niederschlag mehr gibt.

Man vermeide einen Ueberschuss von Alkali, weil die Filter dann das Pressen schlecht aushalten und viel leichter reissen, als wenn die Flüssigkeit noch eine Spur sauer ist.

Die colirte Lösung des Natronsalzes wird eingedampft, bis sich in der Hitze Krystalle ausscheiden. Man lässt wieder krystallisiren, presst ab und trocknet das feuchte Salz auf dem Wasserbade.

Verarbeitet man die Mutterlauge des Natronsalzes nochmals durch Eindampfen auf Salz, so erhält man bei guter Arbeit leicht aus 100 gr Naphtalin 130—150 gr β-Naphtalinsulfosaures Natron, welches frei von α-Sulfosäure und Disolfusäure ist.

## 45. β-Naphtol. $C_{10}H_7 \cdot OH$

300 gr möglichst hochprocentiges Aetznatron werden mit 30 gr Wasser in einem Kupfertiegel, der von einer kräftigen Flamme geheizt wird, geschmolzen und unter Umrühren mit einem Kupferspatel auf 280⁰ gebracht (Vorsicht — Schutz der Augen und Hände. Die Temperatur wird durch ein mit Kupferhülse versehenes Thermometer gemessen). Dann trägt man unter fort-

währendem Rühren, so rasch es geht, 100 gr **sehr fein gepulvertes** β-Naphtalinsulfosaures Natron ein. Das Eintragen regulirt sich nach der Temperatur, welche dabei nie erheblich unter 260° sinken soll. Ist alles eingetragen, steigert man unter fortwährendem Rühren die Temperatur rasch bis auf 320°.

Der Verlauf der Schmelzung ist folgender:

Das bei der Temperatur von 280° ganz dünnflüssige Aetznatron wird durch das Eintragen des β-Naphtalinsulfonsauren Natrons etwas dicker; die Schmelze lässt sich jedoch, wenn die Temperatur nicht unter 260° sinkt, immer sehr leicht rühren. Ist alles Salz eingetragen und nähert sich die Temperatur an 300°, so beginnt die Schmelze durch Wasserdampf ihr Volum zu vergrössern und verwandelt sich in eine hellgelbe schleimige Masse. Diese charakteristische Erscheinung bezeichnet die beginnende Umsetzung, welche bei 310 bis 320° unter energischer Wasserdampfentwicklung, Schäumen und Blasenwerfen sich in wenigen Minuten vollendet.

Man erkennt das Ende des Processes daran, dass die erwähnte gelbe schleimige Masse dunkler und ganz dünnflüssig wird, und wenn man zu rühren aufhört, sich in 2 Schichten trennt; die obere ist gelbbraun, klar durchsichtig und besteht zum grossen Theil aus Naphtolnatrium mit wenig Aetznatron und Sulfit.

Hat sich die Schmelze geschichtet, so entfernt man die Flamme und schöpft das Naphtolnatrium ab, oder trennt es nach dem Erkalten mechanisch von dem darunter sitzenden Aetznatron. Das Naphtolnatrium wird in heissem Wasser gelöst und heiss mit circa 15 procentiger Salzsäure zersetzt. Nach dem Erkalten wird das Naphtol colirt und mit Wasser gewaschen.

Dasselbe wird entweder aus heissem Wasser umkrystallisirt oder noch besser getrocknet und destillirt.

Aus 100 gr gutem β-Naphtalinsulfonsaurem Natrium erhält man leicht 55 gr β-Naphtol.

## 46. Kaliumcyanat und Harnstoff.

KCNO und $NH_2 . CO . NH_2$

In einem hessischen Tiegel von circa 300 cc Inhalt werden 100 gr käufliches (96%/₀) Cyankalium im Kohlenofen zum Schmelzen erhitzt und in die Masse unter emsigem Umrühren allmälig 400 gr Bleioxyd eingetragen, und sobald dieses geschehen, die noch flüssige Masse auf eine Eisenplatte ausgegossen. Die Salzmasse wird mechanisch von dem Blei getrennt, zerrieben und etwa in $1/2$ Liter kaltem Wasser gelöst. Hierzu fügt man eine ebenfalls kalte Lösung von 120 gr Ammoniumsulfat. Das Gemisch wird jetzt sehr langsam auf dem Wasserbad erwärmt. Dabei vollzieht sich bei einer Temperatur zwischen 50 und 70⁰ die Umsetzung des Kaliumcyanats und des Ammoniumsulfats zu Harnstoff und Kaliumsulfat. Zur Isolirung des Harnstoffs wird schliesslich die Flüssigkeit in Schalen auf dem Wasserbade zur Trockne verdampft und der Salzrückstand mit siedendem Alkohol ausgelaugt. Aus der wenn nöthig concentrirten alkoholischen Lösung scheidet sich der Harnstoff beim Erkalten in prismatischen Krystallen ab. Dieselben können aus heissem Alkohol umkrystallisirt werden. Dieses Präparat ist niemals ganz rein. Zur vollständigen Reinigung dient folgendes Verfahren:

Man löst den Harnstoff in wenig Wasser und versetzt in der Kälte mit einem beträchtlichen Ueberschuss von kalter ausgekochter gew. Salpetersäure; nach dem vollständigen Erkalten der Lösung wird der auskrystallisirte, salpetersaure Harnstoff filtrirt und mit wenig kalter Salpetersäure gewaschen. Will man ganz sicher gehen, so ist es rathsam, das Nitrat nochmals aus wenig heissem Wasser umzukrystallisiren. Zur Umwandlung in Harnstoff löst man das Nitrat in warmem Wasser und setzt dann eine ziemlich conc. wässrige Lösung von reinem Baryumhydroxyd bis zur schwach alkalischen Reaction hinzu.

Um den Ueberschuss des Baryumhydroxyds zu entfernen, wird die Flüssigkeit sofort mit Kohlensäure behandelt, bis die Reaction neutral geworden und nun ohne vorherige Filtration am besten in Metallschalen auf dem Wasserbade zur Trockne verdampft. Der Rückstand wird mit heissem absolutem Alkohol ausgekocht. Aus dem Filtrat scheidet sich, wenn dasselbe concentrirt genug ist, beim Erkalten der reine Harnstoff in wohl ausgebildeten Krystallen ab. Das Präparat wird bei $100^0$ getrocknet.

Zur Controle der Reinheit dient der Schmelzpunkt $133^0$.

*Reaktionen.*

1) Fällung mit Salpetersäure.
2) Fällung mit Mercurinitrat.
3) Zersetzung durch kochendes Alkali, wobei Ammoniak frei wird.
4) Zersetzung durch salpetrige Säure. Schon in der Kälte entwickelt sich Stickstoff und Kohlensäure.

## 47. Alloxan und Alloxantin.

$C_4 H_2 N_2 O_4$ und $C_8 H_4 N_4 O_7$

15 gr Harnsäure werden mit 30 gr rauchender Salzsäure (spec. Gewicht 1,19) und 40 gr Wasser in einem Kolben übergossen und in die auf circa $30^0$ erwärmte Lösung 4 gr Kaliumchlorat (gepulvert) allmälig eingetragen. Die Operation soll etwa $3/4$ Stunden dauern. Die Harnsäure geht dabei bis auf kleine Verunreinigungen vollständig in Lösung. Sobald dies geschehen, wird die eventuell filtrirte Flüssigkeit noch mit circa 30 gr Wasser verdünnt und dann bei Zimmertemperatur ein ziemlich starker Schwefelwasserstoff-Strom bis zur Sättigung eingeleitet. Dabei scheidet sich zuerst amorpher Schwefel und später neben demselben krystallisirtes Alloxantin ab. Die Abscheidung des letztern

befördert man schliesslich durch gute Abkühlung und filtrirt dann den gesammten Niederschlag, der mit kaltem Wasser gewaschen wird. Die Masse wird mit heissem Wasser ausgekocht und der ungelöste Schwefel abfiltrirt; aus dem Filtrat scheidet sich in der Kälte das Alloxantin in rein weissen, schön ausgebildeten Prismen ab. Ausbeute 10—12 gr.

### *Reaktionen des Alloxantins.*

1) Färbung mit Barytwasser,

2) Reduction einer ammoniakalischen Silberlösung,

3) Murexidbildung beim Kochen mit Wasser und Quecksilberoxyd.

Zur Umwandlung in Alloxan übergiesst man das fein gepulverte Alloxantin mit circa $1^1/_2$ Theilen Wasser, erwärmt auf dem Wasserbade und gibt dann tropfenweise gew. Salpetersäure zu, bis alles Alloxantin in Lösung gegangen ist. Man bringt jetzt die Lösung in den Exsiccator über Schwefelsäure. Nach einiger Zeit scheidet sich der Alloxan in prachtvoll ausgebildeten, wasserhellen Krystallen ab, welche auf Fliesspapier oder Thontellern von der anhaftenden Mutterlauge befreit werden.

### *Reaktionen des Alloxans.*

1) Murexidbildung. Eine kleine Menge Alloxan wird auf dem Platinblech in einigen Tropfen Wasser gelöst und vorsichtig abgedampft; dabei bleibt ein rother Fleck, welcher mit Ammoniak übergossen sich purpurroth färbt.

2) Bildung von Alloxansäure. Eine wässrige Lösung von Alloxan mit überschüssigem Barytwasser versetzt, gibt einen weissen Niederschlag von alloxansaurem Baryt.

### 48. Chinolin.

$C_9 H_7 N$

*Skraup*: Monatshefte, 2, 141.

24 gr Nitrobenzol, 38 gr Anilin, 120 gr Glycerin und 100 gr concentrirte Schwefelsäure werden in einem Kolben von $1^1/_2$ Liter am Rückflusskühler erhitzt, bis Reaktion eintritt. Dieselbe verläuft, wenn man die Flamme entfernt, nicht zu stürmisch. Wenn sie beendet ist, erhält man die Flüssigkeit noch 2 Stunden im Sieden, verdünnt darauf mit Wasser und destillirt das Nitrobenzol im Dampfstrom ab. Die mit Natronlauge übersättigte Lösung wird hierauf wieder mit Wasserdampf destillirt. Das Destillat enthält Chinolin und Anilin. Um das letztere zu entfernen, versetzt man mit Salzsäure im Ueberschuss, fügt dann Natriumnitrit zu, bis der Geruch nach salpetriger Säure auch beim Umschütteln bleibt und erhitzt zum Sieden, bis alles Diazobenzol zerstört, resp. die Gasentwicklung beendet ist. Jetzt wird die Flüssigkeit abermals mit Natronlauge übersättigt, mit Wasserdampf destillirt, das Destillat mit Aether extrahirt, der letztere verdampft und das zurückbleibende Chinolin mit Aetzkali getrocknet und destillirt. Ausbeute circa 40 gr.

Siedepunkt 237°.

Einige Tropfen der Base werden in Salzäure gelöst und mit Platinchlorid versetzt. Dabei fällt das Chloroplatinat als orange-gelber Niederschlag, der aus heisser verdünnter Salzsäure in rothen Nadeln krystallisirt.

### 49. Hydrocollidin- und Collidindicarbonsäureester.

*Hantzsch*, Annalen 215, 8.

13 gr Aldehydammoniak werden in einem Becherglase mit 50 gr Acetessigester übergossen und das

Gemisch über freiem Feuer erwärmt. Das Aldehydammoniak löst sich und sehr bald wird die Flüssigkeit durch Abscheidung von Wasser getrübt. Man erwärmt weiter bis zum gelinden Sieden, entfernt dann die Flamme, wenn die Reaction lebhaft wird und erhitzt von Neuem, wenn das Sieden nachlässt. Nach 5 Minuten ist die Reaktion beendet und die durch zahlreiche Wassertropfen getrübte Flüssigkeit dicklich geworden. Man gibt dann zu der noch heissen Flüssigkeit unter Umrühren etwa das gleiche Volumen verdünnter Salzsäure. Nach kurzer Zeit erstarrt das Oel zu einer weissen krystallinischen Masse. Dieselbe wird filtrirt, mit verdünnter Salzsäure, dann mit Wasser gewaschen, abgepresst und aus möglichst wenig heissem Alkohol umkrystallisirt. Die erste Krystallisation beträgt etwa 27 gr und ist nahezu chemisch rein. Aus den Mutterlaugen gewinnt man durch Concentration etwa noch 7 gr eines weniger reinen Präparates.

Zur Verwandlung in den Collidindicarbonsäureester übergiesst man die Hydroverbindung mit der annähernd gleichen Gewichtsmenge Alkohol und leitet in das durch Wasser gekühlte Gemisch gasförmige salpetrige Säure (aus Arsentrioxyd und Salpetersäure dargestellt), bis eine klare Lösung entstanden ist und eine Probe der Flüssigkeit in verdünnter Salzsäure sich völlig auflöst. Dann wird der Alkohol verdampft, das rückständige Oel mit überschüssiger verdünnter Sodalösung durchgeschüttelt und schliesslich mit Aether aufgenommen. Das beim Verdampfen des Aethers bleibende Oel wird mit Kaliumcarbonat getrocknet und destillirt. Der Collidindicarbonsäureester geht innerhalb weniger Grade bei 105° über. Die Ausbeute an reinem destillirten Ester beträgt ungefähr 80 % der Hydroverbindung.

Ueber die weitere Verwandlung des Esters in Collidindicarbonsäure siehe Annalen 215, 26.

## 50. Methylketol.

$$C_6H_4 \diagdown_{NH}^{CH} \diagup C \cdot CH_3$$

(*Liebig*'s Annalen 236. 126.)

30 gr Phenylhydrazin werden mit etwas mehr als der berechneten) Menge käuflichen Acetons (Siedepunkt 56—58⁰ versetzt. In der Regel genügen 18 gr Aceton. Die Masse erwärmt sich stark und scheidet nach kurzer Zeit eine reichliche Menge Wasser aus. Man erwärmt zur Vervollständigung der Reaktion etwa $1/2$ Stunde auf dem Wasserbade und prüft dann einen Tropfen der Flüssigkeit mit Fehling'scher Lösung. Wird die letztere noch stark reducirt, so ist unverändertes Phenylhydrazin vorhanden und desshalb eine weitere Menge von Aceton zuzufügen, bis die Reductionskraft sehr gering geworden ist.

Das durch Wassertropfen getrübte Oel wird zunächst in einem geräumigen Kupfertiegel etwa $1/2$ Stunde auf dem Wasserbade erhitzt, um den Ueberschuss von Aceton zu entfernen; dann der Rückstand mit 200 gr käuflichem trockenem Chlorzink gemischt und abermals unter öfterem Umrühren auf dem Wasserbade erhitzt, um eine recht gleichmässige Mischung zu erzielen.

Bringt man jetzt den Tiegel in ein auf 180⁰ erhitztes Oelbad, so beginnt nach einigen Minuten die Masse sich dunkel zu färben. Das Gefäss wird jetzt aus dem Bade entfernt. Die Reaktion vollzieht sich beim Umrühren in kurzer Zeit und kann leicht an der Färbung und Dampfentwicklung verfolgt werden. Die dunkle Schmelze wird mit der 3 - 4 fachen Menge Wasser und wenig Salzsäure zur Lösung des Chlorzinks auf dem Wasserbade behandelt und die Gesammtflüssigkeit direct mit Wasserdampf destillirt. Dabei geht das Methylketol langsam, aber vollständig als schwachgelb gefärbtes Oel über, welches bald erstarrt. Dasselbe wird filtrirt, nochmals geschmolzen, um es von dem anhängenden Wasser möglichst zu trennen und schliesslich destillirt. Ausbeute 20 gr.

Das schwach gelbe, krystallinische Präparat muss in gut schliessenden Gefässen aufbewahrt werden.

## 51. Diphenyl.
$C_6H_5 . C_6H_5$

Dasselbe wird dargestellt durch Glühen von Benzoldämpfen. Der Siedekolben $S$ von circa $1\frac{1}{2}$ Liter Inhalt (Fig. 17) enthält 500 gr Benzol, welches vermittelst eines

Fig. 17.

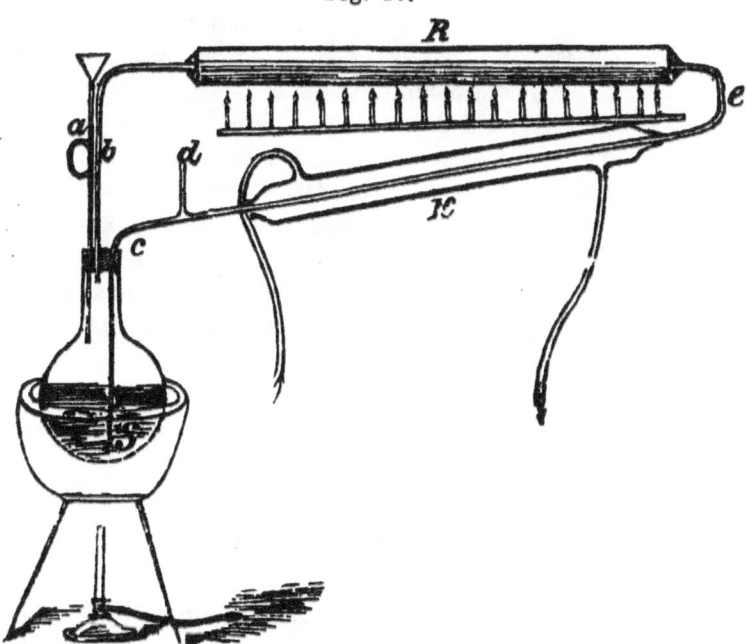

Wasserbades zum Sieden erhitzt werden kann. Der Kolben trägt einen dreifach durchbohrten Kork. Durch die eine Bohrung geht das Sicherheitsrohr $a$, durch die zweite Bohrung die Röhre $b$; dieselbe führt zum eisernen Rohr $R$, (man benutzt dabei ein schmiedeeisernes Rohr, wie sie zu Gasleitungen verwendet werden, von circa 1 m Länge, und etwa 20 mm lichter Weite) — welches mit Bimsteinstückchen gefüllt ist, und im Verbrennungsofen oder besser in einem Fletcher'schen Gasofen zur hellen Rothgluth erhitzt wird. Aus dem Siedekolben gelangen die Benzoldämpfe in das glühende Rohr und werden dort zum Theil in Diphenyl, Wasserstoff und andere Produkte verwandelt. Das unveränderte Benzol gelangt nebst dem flüchtigen Diphenyl durch das Rohr $e$ in den Kühler $K$ und fliesst dann durch Rohr $c$, dessen Mündung unter die Benzollösung taucht, in den Kolben zurück. Das Rohr $d$ gestattet dem Wasserstoff den Austritt aus dem Apparate. Die Operation wird 6—10 Stunden fortgesetzt, wobei der Apparat continuirlich functionirt. Der Kolbeninhalt besteht dann aus einer ziemlich concentrirten Lösung von Diphenyl in Benzol. Das letztere wird jetzt aus dem Wasserbade abdestillirt und der Rückstand fractionirt. Die über 150° siedende Fraction erstarrt in der Vorlage und besteht aus fast reinem Diphenyl. Durch Umkrystallisiren aus Alkohol wird dasselbe gereinigt. Die Ausbeute ist wesentlich durch die Temperatur bedingt. Bei schwachem Gasdruck genügt der gewöhnliche Verbrennungsofen nicht. Man wendet dann besser den Ofen von Fletcher oder einen Kohlenofen an. Bei gut verlaufender Operation Ausbeute über 100 gr.

## 52. Benzoylaceton.
$C_6H_5 . CO . CH_2 . CO . CH_3.$
(*Claisen*, Berichte XX, 2179.)

4 gr Natrium werden in einer runden Kochflasche in 60 gr ganz absolutem Alkohol gelöst. Diese Lösung wird im Oelbade zur Verjagung des Alkohols erhitzt,

wobei man schliesslich die Temperatur des Bades auf 200° steigert. Durch die Kochflasche leitet man gleichzeitig einen langsamen Strom von scharf getrocknetem Wasserstoff. So erhält man das für den Versuch nothwendige Natriumaethylat als völlig weissen trockenen Kuchen. Derselbe lässt sich in der Regel durch vorsichtiges Schütteln vom Glasgefäss loslösen und mit Hülfe eines Glasstabes soweit zerkleinern, dass man ihn aus dem Gefäss entfernen kann. Gelingt das nicht, so wird der Kolben zerschlagen. Das Natriumaethylat wird in einer Reibschale r a s c h gepulvert, in den Kolben zurückgeführt, und mit 35 gr trockenem Essigester einige Minuten unter Abkühlung durch kaltes Wasser vermischt. Nach etwa 15 Minuten fügt man 20 gr Acetophenon hinzu, worauf sehr bald die Krystallisation des Natriumbenzoylacetons beginnt. Dann fügt man Aether zu, lässt zur völligen Abscheidung der Natriumverbindung einige Stunden stehen, filtrirt und wäscht mit Aether, bis derselbe farblos abläuft. Die Natriumverbindung wird bei gewöhnlicher Temperatur getrocknet, in kaltem Wasser gelöst und durch Essigsäure das Benzoylaceton ausgefällt. Das Rohprodukt ist eine fast farblose krystallinische Masse, welche nahezu chemisch rein ist. Ausbeute etwa 19 gr.

## *Reaktionen des Benzoylacetons:*

1. Seine Lösung in verdünntem Alkohol gibt mit Eisenchlorid eine intensive bordeauxrothe Farbe, mit Kupferacetat einen grünen krystallinischen Niederschlag des Kupfersalzes.
2. Das Benzoylaceton löst sich leicht in kalter Natronlauge, zersetzt sich aber beim Erwärmen unter Bildung von Acetophenon, welches sich in Oeltropfen abscheidet, wenn die Lösung nicht zu verdünnt war.

## 53. Benzophenon.

$C_6H_5 . CO . C_6H_5$.

100 gr Benzoësäure werden mit etwas mehr als der berechneten Menge gelöschten Kalks und der zehnfachen Menge Wasser zum Sieden erhitzt, bis die Säure vollständig gelöst ist und die Flüssigkeit alkalisch reagirt. Dann wird heiss von dem überschüssigen Kalkhydrat filtrirt. Aus dem Filtrat scheidet sich der benzoësaure Kalk beim Erkalten zum grossen Theil in weissen Nadeln ab. Den Rest gewinnt man durch Eindampfen der Mutterlauge. Das Salz wird colirt, scharf abgepresst und in Metallschalen über freiem Feuer vollständig getrocknet.

Die Masse wird jetzt in eine Metallretorte (von Eisen oder Kupfer; siehe bei Akroleïn), welche mit einem langen Kühlrohr in Verbindung steht, eingebracht und zwar so, dass die Retorte nicht mehr als höchstens $2/3$ gefüllt ist. Dann erhitzt man über einem starken Gasbrenner, sodass eine möglichst rasche trockne Destillation der Salzmasse stattfindet. Anfangs geht ein hellbraun gefärbtes Gemisch von Benzol, Benzophenon und empyreumatischen Produkten über. Die Destillation wird unterbrochen, wenn das Destillat dunkelbraun und zähflüssig ist. Das Destillat wird mit Chlorcalcium getrocknet und dann fraktionirt. Die Fraction 250—310° enthält das Benzophenon. Das Präparat erstarrt zuweilen nach kurzer Zeit, häufiger aber bleibt es tagelang syrupartig. Die Krystallisation beginnt aber sofort, wenn man eine kleine Menge festen Benzophenons hinzufügt. Die Krystalle werden von der öligen Mutterlauge durch Abpressen zwischen Fliesspapier befreit und aus Ligroin umkrystallisirt. Ausbeute 15—20 gr.

Siedepunkt des Benzophenons 305°.

## 54. Phenanthrenchinon.

$$\begin{array}{c} C_6H_4 - CO \\ | \quad\quad\quad | \\ C_6H_4 - CO \end{array}$$

(*Gräbe*, Ann. 167, 139.)

30 gr Phenanthren (möglichst rein) werden in 120 gr Eisessig heiss gelöst und eine Lösung von 70 gr Chromsäure in ca. 200 gr starker Essigsäure (man löst erst in sehr wenig Wasser und giesst diese Lösung in Eisessig) allmälig eingetragen. Das Gemisch erwärmt sich von selbst und man kann die Operation leicht so ausführen, dass die Temperatur ungefähr auf dem Siedepunkte der Essigsäure erhalten bleibt. Zum Schlusse destillirt man den Eisessig zum grössern Theil ab und versetzt den Rückstand mit Wasser. Die ausgeschiedene röthlich-gelbe Krystallmasse, welche das Chinon neben etwas unverändertem Kohlenwasserstoff enthält, wird filtrirt und mit heissem Wasser gewaschen. Zur Reinigung des Chinons behandelt man das Rohprodukt in der Wärme mit einer concentrirten Lösung von Natriumbisulfit und fällt aus dem Filtrat das Chinon durch Ansäuern mit Schwefelsäure. Dieses Produkt wird schliesslich aus heissem Alkohol umkrystallisirt.

## 55. Triphenylmethan.

$CH(C_6H_5)_3$.

(*Friedel* und *Crafts*, Bull. soc. chim. 37,6.)

In ein Gemisch von 500 gr möglichst reinem und trockenem Benzol und 100 gr Chloroform trägt man bei gelinder Wärme 150 gr sublimirtes Aluminiumchlorid in 4 bis 5 Portionen und erwärmt dann etwa 2 Stunden bis zum Sieden des Benzols am Rückflusskühler. Nun giesst man die Masse unter Umschütteln in das gleiche Volumen kaltes Wasser und fügt Salzsäure bis zur Lösung der Aluminiumverbindungen zu. Die abgehobene Benzollösung wird zur Entfernung von suspendirtem Wasser durch ein trockenes Faltenfilter gegossen und zunächst auf dem Wasserbade abdestillirt. Der Rückstand wird aus Glasgefässen oder besser aus einer kleinen Metallretorte fraktionirt destillirt, wobei man das über 150° Uebergehende besonders auffängt.

Bei dieser Operation findet gegen 200° eine lebhafte Entwickelung von Salzsäure statt, welche von der Zersetzung complicirter Chloride herrührt. Ueber dieser Temperatur destillirt ein Gemenge von Diphenylmethan und Triphenylmethan. Die Destillation wird ohne Thermometer fortgesetzt, bis der Rückstand sichtbare Zersetzung erfährt. Das rohe Destillat wird von Neuem fractionirt. Ueber 300° destillirt das Triphenylmethan, welches in der Vorlage erstarrt. Zur Reinigung wird dasselbe in heissem Benzol gelöst. Beim Erkalten scheiden sich schön ausgebildete Krystalle ab, welche eine Verbindung von Benzol mit Triphenylmethan sind und welche, wenn nöthig, nochmals in der gleichen Weise aus Benzol umkrystallisirt werden. Diese Krystalle verlieren beim Erwärmen auf dem Wasserbade sehr leicht ihr Benzol und durch Umkrystallisiren des geschmolzenen Rückstandes aus heissem Alkohol erhält man dann das reine Triphenylmethan in farblosen Prismen oder Blättchen vom Schmelzpunkt 93°. Die Ausbeute ist wesentlich bedingt durch die Qualität des angewandten Aluminiumchlorids [1] 20—30 gr.

---

[1] Man prüfe das käufliche Aluminiumchlorid durch einen Sublimationsversuch. Hinterlässt dasselbe einen beträchtlichen Rückstand, so ist es zweckmässig, das Präparat vor dem Gebrauche zu sublimiren. Dies geschieht in einer nicht tubulirten Retorte mit weitem Halse, welche höchstens zu 1/3 gefüllt ist. Das sublimirende Chlorid sammelt sich im Retortenhalse. Die Reinheit des angewandten Chloroforms ist ebenfalls zu prüfen, und endlich ist es vortheilhaft, ein Benzol zu verwenden, welches durch Behandeln mit Schwefelsäure von Thiophen befreit wurde.

*Umwandlung des Triphenylmethans in Rosanilin.*

Eine kleine Menge des Kohlenwasserstoffs (etwa 0,5 gr) wird in einigen cc kalter rauchender Salpetersäure gelöst. Auf Zusatz von Wasser scheidet sich das Nitroprodukt in gelben Flocken ab. Dieselben werden filtrirt, in heissem Eisessig gelöst und mit Zinkstaub reducirt. Die mit Wasser verdünnte Lösung wird filtrirt, mit Ammoniak übersättigt und die abgeschiedene Base abermals filtrirt. Dieses Produkt enthält beträchtliche Mengen von Paraleukanilin. Erhitzt man eine Probe desselben mit starker Salzsäure auf Platinblech, so erscheint nach dem Verdampfen der Säure sehr bald die schöne Farbe des Fuchsins.

## 56. Bittermandelölgrün.

Leukobase.

(*O. Fischer*, Ann. 206, 122).

In einer Porzellanschale werden 20 gr Bittermandelöl, 50 gr Dimethylanilin und 40 gr festes Chlorzink vermischt und unter öfterem Umrühren auf dem Wasserbade einige Stunden erhitzt, bis der Geruch des Aldehyds sehr schwach geworden ist. Wird die Masse während des Erhitzens zu steif, so ist es vortheilhaft, zur Verdünnung eine kleine Menge Wasser zuzugeben. Nach beendigter Reaktion wird die Masse mit Wasser in einen Kolben gespült und ein kräftiger Dampfstrom durchgeleitet, bis das unveränderte Dimethylanilin abdestillirt ist. Die zurückbleibende grüngefärbte Leukobase lässt sich leicht von der Chlorzinklösung trennen und erstarrt in der Kälte zu einer harten Masse. Dieselbe wird in heissem absolutem Alkohol gelöst. Ist die Lösung nicht zu concentrirt, so scheidet sich die Base beim Erkalten in feinen, fast farblosen, zu Warzen vereinigten Nädelchen ab. Aus concentrirter Lösung fällt sie häufig zunächst als amorphe Masse, welche aber nach einiger Zeit stets vollständig krystallinisch erstarrt. Durch Wiederholung der Operation erhält man ein ganz farbloses Präparat.

Ausbeute 90% der Theorie.

### Oxydation der Leukobase.

Die Base wird in 100 Theilen verdünnter Salzsäure, welche auf 1 Mol. genau 4 Mol. HCl enthalten, gelöst und abgekühlt. In diese Lösung wird unter **gutem Schütteln** innerhalb 5 Minuten die berechnete Menge Bleisuperoxyd[1]), welches mit 6 Th. Wasser fein aufgeschlemmt ist, eingetragen. Man schüttelt weitere 5 Minuten und filtrirt.

Der erhaltenen Farbstofflösung setzt man 2 Mol. Chlorzink und dann soviel heisse conc. Kochsalzlösung zu, bis eine Probe, auf Filtrirpapier gebracht, nur mehr schwach gefärbt ausläuft.

Nach völligem Erkalten wird der gefällte Farbstoff abfiltrirt, in möglichst wenig heissem Wasser gelöst, filtrirt und nochmals mit Kochsalzlösung gefällt.

### 57. Fluorescëin und Eosin.

$C_{20}H_{12}O_5$ und $C_{20}H_8Br_4O_5$

(*A. Baeyer*, Annalen 183, 3.)

10 gr Phtalsäureanhydrid und 14 gr käufliches Resorcin werden im Oelbade auf 195 bis 200° erhitzt, bis die Entwickelung von Wasserdämpfen aufhört und die Anfangs flüssige Masse ganz fest geworden ist. Die Schmelze wird zerkleinert, mit Wasser ausgekocht, filtrirt, dann in verdünnter Natronlauge gelöst und mit verdünnter Schwefelsäure in der Kälte gefällt. In diesem Zustand wird das Fluorescëin sehr leicht von Aether aufgenommen. Versetzt man die abgehobene ätherische

---

[1]) Dasselbe soll auf nassem Wege dargestellt, möglichst fein vertheilt und frei von Hypochlorid sein.

Lösung mit Alkohol und dampft dann den Aether ab, so scheidet sich das Fluorescëin in rothen krystallinischen Krusten ab, welche nunmehr in Aether fast unlöslich sind. Bemerkenswerth ist die äusserst starke Fluorescenz seiner ammoniakalischen Lösung. Man benutzt die Fluorescëinbildung als Reaktion sowohl auf Phtalsäure wie auf Resorcin. Ausbeute nahezu quantitativ.

Zur Umwandlung in Eosin wird das feinzerriebene Fluorescëin mit der 4fachen Menge Eisessig gemischt und dann die berechnete Menge Brom (4 Mol.), welche ebenfalls mit der vierfachen Menge Eisessig verdünnt ist, zugegeben. In der Wärme tritt vollständige Lösung ein und auf Zusatz von Wasser scheidet sich das Eosin in rothen Flocken ab. Dieselben werden getrocknet und aus viel siedendem Alkohol umkrystallisirt.

## 58. Anthrachinon.

$$C_6H_4 \diagup^{CO}_{CO} \diagdown C_6H_4$$

Werthbestimmung des Anthracens.
(*Luck*, Jahresber. 1873, 957. Ber. 6, 1347.)

5 gr käufliches Anthracen werden in 220 ccm Essig in der Siedehitze gelöst, die Lösung, wenn nöthg, filtrirt und nach und nach in der Siedehitze eine Lösung von 50 gr Chromsäure in 50 ccm 50 procentiger Essigsäure eingetragen, bis auch nach längerem Erwärmen die Flüssigkeit auf einer Silbermünze nach einiger Zeit einen rothen Fleck erzeugt(?). Nach dem Erkalten verdünnt man mit 750 cc Wasser, filtrirt nach einigen Stunden den Niederschlag ab und wäscht mit Wasser, dann mit Kalilauge und schliesslich wieder mit Wasser aus. Das so erhaltene Anthrachinon bildet feine gelbe Nadeln. Bei analytischen Versuchen wendet man nur 1 gr Rohanthracen an und bringt noch eine

Correktion für das in Lösung gebliebene Anthrachinon an.

## 59. Alizarin.

$C_{14}\ H_6\ O_2\ (OH)_2$

In 5 Theile Aetznatron, welche in der gleichen Wassermenge heiss gelöst sind, trägt man 1 Theil anthrachinonmonosulfosaures Natron ein und setzt in concentrirter Lösung 0,3 Theile chlorsaures Kali zu. Die Masse muss bei 120—130° eine ziemlich dicke Consistenz haben; ist dies nicht der Fall, so wird eingedampft. Hierauf füllt man ein schmiedeeisernes Rohr (Fig. 18) mit aufschraubbarem dichtem Verschluss,

Fig. 18.

welches auf 20 Atmosphären geprüft ist, zu $^2/_3$ mit der Schmelze und erhitzt im Oelbade 20 Stunden auf 170°.

An Stelle des Oelbades kann man ein Anilindampfbad von beistehender Form benutzen, welches weniger Aufsicht erfordert. $a$ ist ein cylindrisches Kupfergefäss von 65 cm Höhe und 13 cm lichter Weite mit überspringendem starkem Rande, welcher durch einen Eisenring verstärkt ist. Auf diesem ist der Aufsatz $b$ mit Hülfe der Schrauben $c$ und eines zwischengelegten Ringes von Asbestpappe dicht aufgesetzt. In den 2 Tuben des Deckels befinden sich ein Thermometer und ein Luftkühlrohr. Im untern Theile des Bades ist ein durchlöchertes Kupferblech angebracht, auf welchem das eiserne Rohr $d$ ruht. In dem Bade befinden sich 200—250 gr Anilin, welche

Fig. 19.

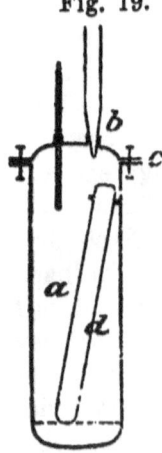

durch direkte Flamme so stark erhitzt werden, dass das Thermometer, wenn es etwa 20 cc in das Bad hineintaucht, den Siedepunkt des Anilins anzeigt.

Man lässt liegend auf 70⁰ erkalten, entfernt die Schmelze theils mechanisch, theils durch Auskochen mit Wasser. Das Alizarinnatrium löst sich schwer, wesshalb man stark kochen muss.

Man sättigt hierauf die Lösung mit verdünnter Schwefelsäure, kocht $1/4$ Stunde wegen der physikalischen Beschaffenheit des Niederschlags und filtrirt, wenn sich die Flüssigkeit bis 70⁰ abgekühlt hat. Der Niederschlag wird mit heissem Wasser solange gewaschen, bis im Filtrat keine Schwefelsäure mehr nachweisbar ist.

Will man das Alizarin in Nadeln haben, so kann man es in einem schwachen Kohlensäurestrom in einer Glasröhre sublimiren.

## 60. Furfurol.

$$C_4 H_3 O . COH$$

200 gr Kleie werden in einem grossen Kolben mit einem Gemisch von 200 gr concentr. Schwefelsäure und 600 gr Wasser gemengt und dann soweit abdestillirt, bis das Destillat etwa 600 cc beträgt. Um daraus das Furfurol zu isoliren, neutralisirt man mit Soda, setzt etwa 150 gr Kochsalz zu und destillirt ungefähr 200 cc ab. Dieses Destillat wird abermals mit Kochsalz gesättigt und mit Aether extrahirt. Beim Verdampfen des Aethers bleibt das Furfurol als gefärbtes Oel zurück und wird durch Destillation gereinigt. Ausbeute ca. 5 gr. Reaktion auf Furfurol mit einer wässrigen Lösung von salzsaurem Phenylhydrazin oder von essigsaurem Anilin. Im ersten Falle entsteht ein Oel, welches bald krystallisirt, im zweiten entsteht eine schöne rothe Färbung.

## 61. Wasserfreier Traubenzucker.

$C_6 H_{12} O_6$

(Soxhlet J. pr. Ch. 21, 245.)

1½ Liter 90procentiger Alkohol wird mit 60 ccm rauchender Salzsäure (1,19 spec. Gew.) versetzt, im Wasserbad auf 45—50° erwärmt, dann 500 gr möglichst fein gepulverter Rohrzucker (beste Qualität) zugegeben und unter öfterem Umschütteln auf derselben Temperatur erhalten, bis der letztere gelöst ist. Nachdem die wenn nöthig filtrirte Flüssigkeit erkaltet, trägt man eine kleine Menge (etwa ½ gr) wasserfreien Traubenzucker ein und lässt das Gemisch bei Zimmertemperatur mehrere Tage stehen. Die Krystallisation wird durch öfteres Umrühren beschleunigt. Der Traubenzucker scheidet sich dabei in feinen, farblosen Krystallen ab, welche schliesslich auf der Pumpe filtrirt und mit absolutem Alkohol gewaschen werden.

Zur völligen Reinigung wird das Produkt in sehr wenig heissem Wasser gelöst und so lange in der Wärme absoluter Alkohol zugesetzt, bis die Lösung sich trübt. Beim Erkalten und öfteren Umrühren scheidet sich der Zucker bald in Krystallen ab.

*Reaktionen des Traubenzuckers.*

1) Die wässerige Lösung bräunt sich beim Erwärmen mit Alkalien und nimmt einen eigenthümlichen Geruch an.

2) Reducirt Fehling'sche Lösung in der Wärme sehr stark.

3) Umwandlung in Phenylglucosazon. 1 gr Traubenzucker wird mit einer klaren Lösung von 2 gr Phenylhydrazin und 3 gr krystallisirtem Natriumacetat in 20 cc Wasser auf dem Wasserbade erhitzt. Nach 10 bis 15 Minuten beginnt die Abscheidung von feinen gelben Nadeln.

4) **Gährungsprobe.** 1 gr Traubenzucker wird in circa 5 cc Wasser gelöst, dann etwa $1/2$ cc dünne frische Bierhefe zugesetzt und das Gemisch in das Kölbchen $a$ (Fig. 20) gebracht, welches 7—8 cc fasst. Bei Zimmertemperatur beginnt nach einigen Stunden die Entwicklung von Kohlensäure, welche durch das Rohr $r$ in das Kölbchen $b$ übertritt und in dem vorgelegten Barytwasser einen starken Niederschlag erzeugt. Will man die Probe zum Nachweis von Zucker benutzen, so ist die Bierhefe zuvor mehrmals mit viel Wasser auszuwaschen und ihre Reinheit durch einen Parallelversuch mit reinem Wasser an Stelle der Zuckerlösung zu prüfen.

Fig. 20.

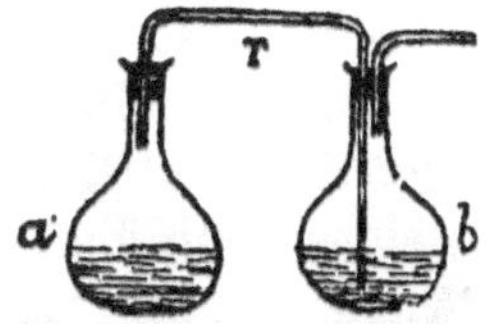

## 62. Campheroxim.

$C_{10} H_{16} NOH$

(Auwers. Ber. 22 605.)

10 gr Campher werden in 150 gr gewöhnlichem Alkohol gelöst; dazu fügt man eine concentrirte wässerige Lösung von 10 gr salzsaurem Hydroxylamin und 15 gr festem Natriumhydroxyd und erwärmt dann das Ganze auf dem Wasserbade. Nöthigenfalls fügt man noch zur völligen Lösung des Camphers eine neue Menge von Alkohol hinzu. Wenn nach etwa einer Stunde eine Probe beim Verdünnen mit Wasser keinen Campher mehr abscheidet, ist die Reaktion beendet. Man verdünnt jetzt die gesammte alkoholische Flüssigkeit mit viel Wasser, filtrirt, wenn nöthig, von dem geringen flockigen Niederschlag ab, und fügt Essigsäure bis zur schwach sauren Reaktion zu. Dabei fällt das Campheroxim als farblose Krystallmasse aus. Die Ausbeute an diesem Produkt beträgt ca. 75 % der Theorie. Dasselbe wird aus verdünntem Alkohol umkrystallisirt.

### 63. Thiophen.

100 gr Phosphortrisulfid[1]) und 100 gr scharf getrocknetes bernsteinsaures Natron werden fein gepulvert, sorgfältig mit einander vermischt und in eine Retorte gebracht, welche davon höchstens zur Hälfte gefüllt sein darf. Die Retorte wird verbunden mit einem Kühler; an diesen schliesst sich eine Vorlage, welche durch eine Kältemischung gekühlt ist; letztere ist verbunden mit einer Flasche, welche verdünnte Natronlauge enthält und von hier geht ein Abzugsrohr nach einem gut wirkenden Schornstein. Erhitzt man das in der Retorte befindliche Gemenge mit der bewegten freien Flamme, so beginnt sehr bald die Reaktion unter Aufblähen der Masse und lebhafter Entwickelung von Schwefelwasserstoff. Weiteres Erhitzen ist jetzt überflüssig. Das gebildete Thiophen destillirt von selbst und den Verlauf der Reaktion kann man bei gut schliessenden Apparaten an dem Gasstrom in der vorgelegten Waschflasche leicht erkennen. Die in der Vorlage angesammelte heftig riechende Flüssigkeit wird zunächst aus dem Wasserbade abdestillirt, dann mit Natronlauge gewaschen, abgehoben, mit Natrium getrocknet und nochmals destillirt.

Ausbeute 13—15 gr.

*Reaktion auf Thiophen.*

Fügt man zu einer Lösung von Isatin in concentrirter Schwefelsäure eine Spur Thiophen, so tritt sofort eine intensive blaugrüne Färbung auf. Ebenso erkennt man den Thiophengehalt des gewöhnlichen Benzols.

---

[1]) Dasselbe wird durch Zusammenschmelzen der berechneten Mengen trockenem amorphem Phosphor und Schwefel in einem hessischen Tiegel bereitet.

# Inhaltsverzeichniss.

(Das alphabetische Verzeichniss der Präparate siehe Seite 70.)

| | Seite |
|---|---|
| 1. Nitrobenzol | 1 |
| 2. Anilin | 3 |
| 3. Acetanilid | 6 |
| 4. Sulfocarbanilid | 7 |
| 5. Phenylsenföl | 7 |
| 6. Benzoësäure-Aethylester | 8 |
| 7. m-Brombenzoësäure | 9 |
| 8. Benzoylchlorid | 10 |
| 9. Benzamid | 11 |
| 10. Diazobenzolnitrat | 12 |
| 11. Diazoamidobenzol | 14 |
| 12. Amidoazobenzol | 16 |
| 13. Sulfanilsäure | 16 |
| 14. Diazobenzolsulfosäure | 17 |
| 15. Helianthin | 18 |
| 16. Phenylhydrazin | 19 |
| 17. Monoaethylanilin | 20 |
| 18. Nitrosodimethylanilin | 21 |
| 19. Jodaethyl | 22 |
| 20. Aethylnitrat | 22 |
| 21. Aldehyd und Aldehyd-Ammoniak | 23 |
| 22. Acetoxim | 25 |
| 23. Aethylenbromid | 25 |
| 24. Glycol | 26 |
| 25. Benzylchlorid | 27 |
| 26. Bittermandelöl | 28 |
| 27. Benzylalkohol | 29 |
| 28. Benzoïn | 30 |
| 29. Benzil | 30 |
| 30. Benzilsäure | 31 |
| 31. Zimmtsäure | 32 |
| 32. Hydrozimmtsäure | 32 |
| 33. Acetessigester | 33 |
| 34. Diacetbernsteinsäureest. | 34 |
| 35. Malonsäure | 36 |
| 36. Brenztraubensäure | 36 |
| 37. Epichlorhydrin | 37 |
| 38. Akroleïn | 38 |
| 39. Zinkaethyl | 40 |
| 40. Ortho- u. Para-Nitrophenol | 42 |
| 41. Pikrinsäure | 43 |
| 42. Chinon u. Hydrochinon | 44 |
| 43. Salicyl-Aldehyd | 45 |
| 44. β-Naphtalinsulfosäure | 46 |
| 45. β-Naphtol | 47 |
| 46. Kaliumcyanat u. Harnstoff | 49 |
| 47. Alloxan u. Alloxantin | 50 |
| 48. Chinolin | 52 |
| 49. Hydrocollidin- u. Collidindicarbonsäureester | 52 |
| 50. Methylketol | 54 |
| 51. Diphenyl | 55 |
| 52. Benzoylaceton | 56 |
| 53. Benzophenon | 58 |
| 54. Phenanthrenchinon | 59 |
| 55. Triphenylmethan | 59 |
| 56. Bittermandelölgrün | 61 |
| 57. Fluoresceïn und Eosin | 62 |
| 58. Anthrachinon | 63 |
| 59. Alizarin | 64 |
| 60. Furfurol | 65 |
| 61. Wasserfreier Traubenzucker | 66 |
| 62. Campheroxim | 67 |
| 63. Thiophen | 68 |

# Alphabetisches Verzeichniss.

(Das Inhaltsverzeichniss [Reihenfolge der Präparate] siehe Seite 69.)

| | Seite | | Seite |
|---|---|---|---|
| Acetanilid | 6 | Fluoresceïn | 62 |
| Acetessigester | 33 | Furfurol | 65 |
| Acetoxim | 25 | | |
| Aethylenbromid | 25 | Glycol | 26 |
| Aethylnitrat | 22 | | |
| Akrolein | 38 | Harnstoff | 49 |
| Aldehyd | 23 | Helianthin | 15 |
| Aldehyd-Ammoniak | 23 | Hydrochinon | 44 |
| Alizarin | 64 | Hydrozimmtsäure | 32 |
| Alloxan | 50 | Hydrocollidin- u. Collidin- | |
| Alloxantin | 50 | dicarbonsäureester | 53 |
| Amidoazobenzol | 16 | | |
| Anilin | 3 | Jodaethyl | 22 |
| Anthrachinon | 63 | | |
| | | Kaliumcyanat | 49 |
| Benzamid | 11 | | |
| Benzil | 30 | Malonsäure | 36 |
| Benzilsäure | 31 | Methylketol | 54 |
| Benzoësäure-Aethylester | 8 | Monoaethylanilin | 20 |
| Benzoïn | 30 | | |
| Benzophenon | 58 | Naphthalinsulfosäure | 46 |
| Benzoylaceton | 56 | Naphtol | 47 |
| Benzoylchlorid | 10 | Nitrobenzol | 1 |
| Benzylalkohol | 29 | Nitrophenol | 42 |
| Benzylchlorid | 27 | Nitrosodimethylanilin | 21 |
| Bittermandelöl | 28 | | |
| Bittermandelölgrün | 61 | Phenanthrenchinon | 59 |
| Brenztraubensäure | 36 | Phenylhydrazin | 19 |
| Brombenzoësäure | 9 | Phenylsenföl | 7 |
| Campheroxim | 67 | Pikrinsäure | 43 |
| Chinolin | 52 | | |
| Chinon | 44 | Salicyl-Aldehyd | 45 |
| Collidindicarbonsäureester | 52 | Sulfanilsäure | 16 |
| | | Sulfocarbanilid | 7 |
| Diacetbernsteinsäureester | 34 | | |
| Diazoamidobenzol | 14 | Thiophen | 68 |
| Diazobenzolnitrat | 12 | Traubenzucker | 66 |
| Diazobenzolsulfosäure | 17 | Triphenylmethan | 59 |
| Diphenyl | 55 | | |
| Eosin | 62 | Zimmtsäure | 32 |
| Epichlorhydrin | 37 | Zinkaethyl | 40 |

www.ingramcontent.com/pod-product-compliance
Lightning Source LLC
Chambersburg PA
CBHW021959290426
44108CB00012B/1136